高等学校人工智能 教育丛书

U0178100

人工智能概论

文常保　茹　锋　李演明　编著
张军龙　田昌会

西安电子科技大学出版社
http://www.xduph.com

内 容 简 介

本书主要介绍人工智能的起源与发展、发展人工智能的国家战略意义、人工智能专业的培养目标与课程体系，以及人工智能技术在生活、生产、交通、电力、建筑、医疗、电竞、金融、物流、国防等领域应用的最新进展。本书的编写深入浅出、突出应用、图文并茂、通俗易懂，通过人工智能在各个领域应用的具体案例，介绍了人工智能的内在实现机理和应用现状，并立足于人工智能具体应用领域，力求反映人工智能技术的最新进展，以及未来发展的趋势。

本书可作为人工智能理论、实践及应用相关专业的本科生和研究生的专业课程教材，也可作为相近专业工程技术人员的自学参考用书。

图书在版编目(CIP)数据

人工智能概论 / 文常保等编著. —西安：西安电子科技大学出版社，2020.7
ISBN 978-7-5606-5684-7

Ⅰ. ①人…　Ⅱ. ①文…　Ⅲ. ① 人工智能—概论　Ⅳ. ① TP18

中国版本图书馆 CIP 数据核字(2020)第 083111 号

策划编辑　万晶晶
责任编辑　王芳子
出版发行　西安电子科技大学出版社(西安市太白南路 2 号)
电　　话　(029)88242885　88201467　　邮　　编　710071
网　　址　www.xduph.com　　　　　　电子邮箱　xdupfxb001@163.com
经　　销　新华书店
印刷单位　陕西天意印务有限责任公司
版　　次　2020 年 7 月第 1 版　　2020 年 7 月第 1 次印刷
开　　本　787 毫米×960 毫米　1/16　印　张　13.75
字　　数　270 千字
印　　数　1～3000 册
定　　价　37.00 元
ISBN　978-7-5606-5684-7 / TP

XDUP　5986001-1

如有印装问题可调换

前　言

　　人工智能是引领新一轮科技革命和产业变革的战略性技术，具有带动性很强的"头雁"效应。在脑神经科学、微纳电子、移动互联网、云计算、大数据、区块链等新理论、新技术的驱动下，人工智能技术加速发展，呈现出深度学习、跨界融合、人机协同、群智开放、自主操控等新特征，正在对国际政治经济格局、国家战略、经济发展和社会进步等方面产生重大而深远的影响。加快发展人工智能将是赢得全球科技竞争主动权的重要战略抓手，是推动科技跨越发展、产业优化升级、生产力整体跃升的重要驱动力量。本书的编著对人工智能专业理论及应用专业人才培养具有重要的现实意义。

　　本书在内容的选取和编排上力求深入浅出、突出应用、图文并茂、通俗易懂。在保证内容系统性、完整性的基础上，重点解决"人工智能是什么？为什么要发展人工智能？人工智能专业应该学习什么？如何正确培养人工智能专业人才？人工智能技术在各个领域中有什么作用？人工智能技术在各个领域中是如何具体落地的？人工智能技术在应用中会存在哪些实际问题？未来人工智能技术会如何发展？人们如何正确面对人工智能的发展？"等一系列关于人工智能的疑问。

　　本书简化了深奥的理论论述，从人工智能概述、人工智能专业的培养目标与课程体系、智能穿戴、智能制造、智能交通、电力系统智能化、智能楼宇、智能医疗、智能博弈、智能金融、智能物流、国防智能化、人工智能应用中的实现问题和伦理问题等方面入手，阐述了人工智能技术在生活、生产、交通、电力、建筑、医疗、博弈、金融、物流、国防等领域应用的最新进展。

　　本书共 13 章。

　　第 1 章是人工智能概述篇，主要阐述了"人工智能是什么？为什么要发展人工智能？"，从人工智能的定义、发展历程等角度出发对人工智能进行了总体介绍，并以中国、美国等世界主要国家和欧盟等地区组织的人工智能战略宏图为主线，阐述发展人工智能技术的战略意义和重要性，让读者深刻理解人工智能的概念以及加快发展新一代人工智能是事关国家和民族发展的重大战略问题。

　　第 2 章阐述了人工智能专业的培养目标与课程体系，从人工智能专业人才的需求，人工智能专业的培养目标、知识结构、课程体系角度出发，重点解决了"人工智能专业应该学习什么？"和"如何正确培养人工智能专业人才？"两个核心问题。

第3章～第12章从智能穿戴、智能制造、智能交通、电力系统智能化、智能楼宇、智能医疗、智能博弈、智能金融、智能物流、国防智能化等具体应用入手，阐述了人工智能技术在生活、生产、交通、电力、建筑、医疗、电竞、金融、物流、国防等领域应用的最新进展。回答了"人工智能技术在各个领域中有什么作用？""人工智能技术在各个领域中是如何具体落地的？""人工智能技术在应用中会存在哪些实际问题？""未来人工智能技术会如何发展？"等具体的人工智能应用问题。

第13章从能耗、数据、算法、算力、落地以及主体性伦理、隐私伦理、责任伦理、公平伦理、安全伦理等方面出发，阐述了人工智能应用中的实现问题和伦理内涵，并抛砖引玉地回答了"如何正确面对人工智能的发展？"这一疑问。

本书由文常保教授、茹锋教授、李演明副教授、张军龙主任医师、田昌会教授负责编写和统稿。参与本书编写、绘图、校对、调研的同志还有胡馨月、周成龙、胡佳朋、王蒙、亓嘉惠、张奕雯、朱芳芸、章慧、田云博和李万林等。

本书参考学时为24～36学时，可根据具体情况由任课老师选择或组合内容使用。

在本书的写作过程中，作者参阅了许多资料和文献，在此对编写本书时所参考资料和文献的作者表示诚挚的感谢。

由于作者水平有限、编写时间仓促，书中难免存在一些不足、不妥之处，恳请有关专家和广大读者批评指正。

编著者

2020 年 1 月

目 录 CONTENTS

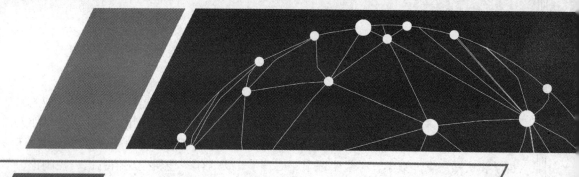

第1章　人工智能概述

1.1　什么是人工智能

　　1956 年，达特茅斯学院的 John McCarthy、哈佛大学的 Marvin Minsky、IBM 公司的 Nathaniel Rochester、贝尔实验室的 Claude Shannon 等科学家在达特茅斯会议上提出了"人工智能"的概念。几十年来，无论人们是否已经准备好，或者是否欢迎，人工智能伴随着 AlphaGo、无人驾驶汽车、智能家居系统、智能交通系统、智能医疗系统等新鲜事物，已经来到身边，进入了人们的日常生活。同时，一个以人工智能为核心，以自然智能、人工智能、集成智能为一体的人工智能学科正在逐步兴起，并引起了人们的极大关注。

　　人工智能技术的高速发展和深入应用，不可避免地引起了人们一系列的疑问和思考：人工智能是什么？为什么要发展人工智能？人工智能专业应该学习什么？如何正确培养人工智能专业人才？人工智能技术在各个领域中有什么作用？人工智能技术在各个领域中是如何具体落地的？人工智能技术在应用中会存在哪些实际问题？未来人工智能技术会如何发展？人们如何正确面对人工智能的发展？等等。了解什么是人工智能是解决所有这些问题的基础和前提。

　　人工智能(Artificial Intelligence，AI)，从字面上进行解释，主要有"人工"和"智能"两个部分。"人工"很容易理解，就是指人造的、人为的，与自然界中本身存在的天然事物相对应，因此，"人工智能"中的"智能"就与自然中人类或其他动植物本身存在的"智能"相对应。而"智能"是智力和能力的总称。中国古代思想家一般将"智能"看作独立的两部分："智"表征的是认知活动，而"能"表征的是实践活动；也有思想家将"智"和"能"结合起来作为考察人的标志。在美国哈佛大学的 Howard Gardner 教授提出的多元智能理论中，人类的智能可以分为八个部分：语言智能、数理智能、节奏智能、空间智能、动觉智能、自省智能、交流智能和自然观察智能。人类能够直接了解的智能只能是人类本身具有的智能，因此人工智能也就是制造具有人类智能的机器或装置。

　　作为一门专业学科，人工智能是研究如何使用机器来模拟人的学习、推理、思考、规划等思维过程和智能行为的学科，主要是通过研究计算机等机器或装置实现智能的原理，从而制造类似于人脑智能的仪器设备，进而实现其更高层次的应用。因此，在早期人们都认为人工智能是计算机学科的一个分支。但实际上它的研究不仅限于计算机科学，还涉及哲学和认知科学、数学、神经生理学、心理学、语言学、逻辑学、信息论、控制论、不定性论、仿生学、社会结构学等学科，几乎涵盖了自然科学和社会科学的所有学科，其范围已远远超出了计算机科学的范畴，是一门综合性的交叉学科和边缘学科。

人工智能与基因工程、纳米科学被认为是影响 21 世纪人类发展的三大尖端技术。2018 年美国《麻省理工科技评论》评选的"全球十大突破性技术"中，人工智能与人造胚胎、生成式对抗网络、传感城市、量子材料、3D 金属打印等热门技术榜上有名，且人工智能位列榜首。

人类的所有活动都离不开人类的智能，比如感知外界、身体活动、思考学习，甚至包括人工制造的过程等都涵盖在人类的智能中，而通过"机器"实现人类的智能就是人工智能的终极目标。目前，人工智能已经像雨后春笋般地在各个领域得到了广泛的关注，正如其应用的百花齐放，其定义也是百家争鸣，仁者见仁，智者见智。下面是人工智能研究领域的一些学者及前辈对人工智能的认识和定义。

人工智能革命时代先行者李开复和王咏刚认为人工智能的定义与其历史有关，也与探索人工智能的途径有关。他们在其所著的《人工智能》一书中给出了人工智能的五个定义，这些定义及其评价分别为：(1) 人工智能是让人觉得不可思议的计算机程序。这与其说是定义，不如准确地说是人们对于人工智能实现人类智能甚至超越人类智能的直观感受。(2) 人工智能是与人类思考方式相似的计算机程序。这种理解在人工智能出现早期非常流行，它是一种类似仿生学的思路，但该思路在很多情况下是行不通的。(3) 人工智能是与人类行为相似的计算机程序。该定义是对第(2)个定义的突破，只看结果，不看过程。(4) 人工智能是会学习的计算机程序。它强调算法，反映机器学习，特别是深度学习流行下的人工智能发展趋势。(5) 人工智能就是根据对环境的感知，做出合理的行动，并获得最大收益的计算机程序。这个定义涵盖了上面四个定义，面面俱到，但缺乏鲜明的特点。

麻省理工学院的 Winston 认为，人工智能是研究那些使理解、推理和行为成为可能的计算。美国匹兹堡大学的 John Haugeland 是古典人工智能的代表学者，也是人工智能符号派代表 Hubert Dreyfus 的学生，他认为，人工智能是一种使计算机能够思维，使机器具有智力的激动人心的尝试。美国应用数学家 Richard Bellman 认为，人工智能是那些与人的思维相关的活动，诸如决策、问题求解和学习等行为。美国著名发明家、作家、未来主义者 Ray Kurzweil 认为人工智能是一种能够执行需要人的智能的创造性机器的技术。美国学者 Dean、Allen 和 Aloimonos 在《Artificial Intelligence:Theory and Practice》一书中将人工智能定义为研究和设计具有智能行为的计算机程序，用来执行人或动物所具有的智能任务。被称为"专家系统之父"的斯坦福大学教授 Edward Feigenbaum 认为，人工智能是一个知识信息处理系统。人工智能学科研究创始人之一，斯坦福大学教授 Nilsson 认为，人工智能是关于知识的科学，即怎样表示知识、怎样获取知识和怎样使用知识的学科。克莱姆森大学教授 Schalkoff 编著了《Artificial Intelligence：An Engineering Approach》，他认为人工智能是一门通过计算过程力图理解和模仿智能行为的学科。另外，计算机研究者们认为人工智能就是研究如何使计算机去做过去只有人才能做的智能工作。美国国家科学基金会计算机研究部将人工智能定义为一门用计算机模型来研究思维功能的科学。

以上是人工智能领域一些学者及前辈从不同角度对人工智能下的定义。人工智能的含义很广，具有不同学科背景的人工智能学者会对其有着不同的理解，并提出不同的定义。综合各种对人工智能的不同理解，可以从"能力"和"学科"两个角度对人工智能进行定义。

从能力角度考虑，人工智能是指用人工的方法在智能机器上实现类似于人类智能的行为，包括感知识别、学习思考、判断证明、推理设计、规划行动等。它是相对于人类智能而言的。

人工智能按照其智能程度可以分为弱人工智能、强人工智能和超人工智能三个层次。弱人工智能又称限制领域人工智能或应用型人工智能，是只擅长于解决特定领域问题的人工智能。战胜世界围棋冠军的人工智能 AlphaGo 就属于弱人工智能，尽管在围棋对决中很强大，但面对其他问题，比如股市预测等，将会束手无策。强人工智能又称通用人工智能或完全人工智能，它不受领域的限制，能够胜任人类所有的工作。超人工智能将会是超越人类的存在，它比最聪明的人还要聪明能干。目前，各种应用及实现的几乎都是弱人工智能。

从学科角度考虑，人工智能是一门综合性的交叉学科和边缘学科，几乎涵盖了自然科学和社会科学的所有学科，是一门研究如何构造智能机器或智能系统，以模拟、延伸和扩展人类智能的学科。

1.2　人工智能的起源与发展

人类与动物的根本区别是人类会制造和使用工具。从简单的石器，到炼制的铁器，再到后来的枪械等器械，最后到电子计算机，人类使用的工具越来越复杂，但越来越方便人们的生活。而终极的工具大概就是 Good 所描述的"足够温顺，完全可以告诉人们如何控制它"的"超智能机器"了，这也是人工智能的最终产物。人工智能从诞生发展到现在已经过了几十个年头，其发展过程大致可以分为人工智能 0.0、1.0、2.0、3.0、4.0 时代，如图 1-1 所示。

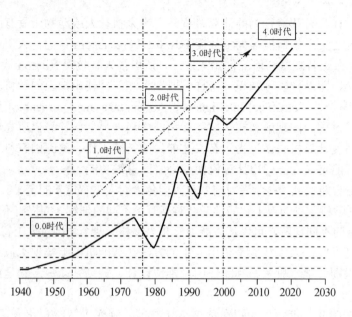

图 1-1　人工智能的发展趋势图

1.2.1　人工智能 0.0 时代

　　古往今来，人们对智能机器都十分向往和憧憬。据《列子·汤问》记载，早在西周时期，就有个叫偃师的匠人用皮革、木头、树脂等材料制造了一个能歌善舞的人偶，并把它献给了周穆王，这可以说是最早的有记载的娱乐机器人了。还有不少文献记载，如：在公元前 5 世纪初，我国古代科学家就发明了会飞的木鸟，据说不仅能自己飞，还可以载人。公元前 384—322 年，古希腊哲学家 Aristotle 创立了演绎法，为形式逻辑奠定了基础，可以说是研究人类思维规律的鼻祖。据《三国志·蜀志·诸葛亮传》记载，三国时期诸葛亮在北伐时使用了运输工具"木牛"与"流马"，该工具能载重达四百斤以上，日行数十里，为蜀汉十万大军运输粮食。

　　在 17 世纪和 18 世纪，商业、航海等领域出现了很多复杂的计算问题，计算和数理逻辑方面发展迅速。1642 年，法国数学家和物理学家 Pascal 发明了第一台机械式加法器，解决了自动进位这一关键问题。1674 年，德国数学家和哲学家 Leibniz 设计完成了能够进行乘法运算的机器。同时，他还继承了中世纪欧洲最著名的诗人、哲学家 Ramon Llull 的思想——用机械方法从一系列概念组合中创造新知识，并在 1666 年出版了《论组合术》，认为人类的所有创意全都来自少量简单概念的结合。他提出了关于数理逻辑的思想，把形式逻辑符号化，提出建立一种通用的符号语言来进行推理演算，这是现代"思维"机器设计的萌芽。1763 年，英国统计学家和哲学家 Thomas Bayes 创造了一个可以用来推理事件可能性的框架结构，这就是后来机器学习领域的主要理论——贝叶斯推理的基础。1822 年，英国数学家 Babbage 设计了一台差分机器，可以利用机器来代替人编制数表。随后，他又对差分机器进行了较大改进，设计出了不仅可以进行数学运算，还可以进行逻辑运算的分析机。英国数学家 George Boole 初步实现了 Leibniz 关于思维符号化和数学化的思想，第一次用符号语言描述了思维活动中推理的基本法则，创立了逻辑代数，即布尔代数。这些理论的提出和研究均为后来人工智能的发展奠定了坚实的理论基础。

19 世纪末 20 世纪初，人工智能的应用有了很大进展，并出现了第一批具有人工智能意义的产品。1898 年，发明家和未来学家 Nikola Tesla 在麦迪逊广场花园举行的电气展览会上展示了第一艘无线电遥控船。1914 年，西班牙工程师 Leonardo Torres y Quevedo 展示了世界上第一台自动下棋机器，这台机器可以在没有人干预的情况下自动下国际象棋。1925 年，无线电设备公司 Houding Radio Control 展示了世界第一辆无线控制的无人驾驶汽车。1929 年，日本生物学家 Makoto Nishimura 设计出 "Gakutensoku"，该名称的意思是说 "向自然之法学习"，这是日本制造的第一个功能性机器人，可以改变面部表情，通过空气压力机制还能移动头部和手部。

20 世纪 30 年代至 50 年代是人工智能基础理论飞速发展的时期，这个时期学术界出现了两个人工智能先驱：英国著名数学家、逻辑学家 Alan Turing 和美国应用数学家 Norbert Wiener。

1936 年，Turing 发表了论文《On Computable Numbers，with an Application to the Entscheidungsproblem》，对 "可计算性" 下了严格的数学定义，证明用一种只能处理 0 和 1 两种数的通用计算机，就可以解决任何以演算式表达的数学问题，创立了自动机理论，又被称为 "Turing machine"，从数理逻辑上为计算机开创了理论先河。三年后，他又参与了德军超级密码机 "Enigma" 的破译，设计了名为 "Bombe" 的解密机，赋予其人类所无法企及的计算能力。其后他对机器有了新的想法，1950 年在他的论文《Computing Machinery and Intelligence》中开篇提问 "机器能思考吗？"，引发了无穷的想象。同时提出了判断机器是否具有智能的方法，即广为人知的图灵测试：如果一台机器能够与人类对话而不被辨别出其机器身份，那么这台机器便具备智能的特点。Turing 奠定了现代计算机科学的基础和人工智能的雏形，因此也被称作 "计算机之父" 和 "人工智能之父"。

另一位先驱——美国应用数学家 Norbert Wiener 开创了近代控制论的先河，有 "控制论之父" 之称。早在 1913 年，年仅 19 岁的 Wiener 就在他的论文中把数理关系理论简化为类理论，为发展数理逻辑作出了重大贡献，并向机器逻辑迈进了一大步。1940 年，他开始考虑计算机如何能像大脑一样工作，并认识到计算机对数据的依赖性，特别在系统中强调了反馈这一核心概念。1948 年，他出版了《Cybernetics》一书，更是开创了近代控制论，被视为人工智能控制论学派的奠基人。控制论跨接了很多领域，将人工神经网络的原理与信息理论、控制理论、逻辑以及计算联系起来，影响了后续许多人工智能研究人员。

20世纪40年代初，人们对人体结构的研究进入了空前的阶段，尤其是对人体神经网络的认知取得了历史性的突破，人工神经网络也开始发展起来。1943年，伊利诺伊大学的神经生物学家 Warren McCulloch 和芝加哥大学数理逻辑学家 Walter Pitts 发表了论文《A Logical Calculus of Ideas Immanent in Nervous Activity》，讨论了理想化、简化的人工神经元网络，以及它们如何实现简单的逻辑功能，并提出了神经网络史上的第一个模型，即 MP 模型，后来诞生的"神经网络""深度学习"都受到了它的启发。1949年，加拿大心理生理学家 Donald Hebb 首次指出神经元连接强度会随神经活动而不断变化，也就是著名的 Hebb 规则，这是神经网络研究史上第一个学习算法。1951年，Marvin Minsky 带领他的研究生 Dean Edmunds 开发了 SNARC，它是一个随机神经网络模拟加固计算器，是第一个人工神经网络，能用3000个真空管模拟40个神经元的运行。

在基础理论飞速发展的同时，相关的发明应用也没有止步。1946年，在电子数字计算机的先驱 Mauchly 与 Eckert 的合作下，世界上第一台通用计算机 ENIAC(Electronic Numerical Integrator and Caculator)诞生了，它长30.48米，占地约170平方米，它能够重新编程，运算速度是机电式计算机的一千倍，是人工计算的二十万倍。1952年，美国计算机游戏和人工智能领域的先驱 Arthur Samuel 开发了一个计算机跳棋程序，这是世界上第一个可以自己学习的程序，该程序通过分析大量棋局进行学习，逐渐可以判断当前棋局的好坏。

人工智能0.0时代，也就是人工智能萌芽阶段。该阶段创立的数理逻辑、自动机理论、控制论、仿生学、神经心理学，发明的电子计算机，以及科学家对智能机器的不懈探索和研究，都为人工智能的诞生奠定了思想、理论和物质技术基础，使人工智能的发展获得了足够的养分，为后续长成一棵枝繁叶茂的大树做好了准备。

1.2.2 人工智能 1.0 时代

人工智能诞生的标志是1956年达特茅斯人工智能夏季研讨会的成功举办。但是，早在1955年8月31日就有10位科学家在一份提案中首次提出"人工智能"的概念，提案的发起者为美国数学家和计算机专家 McCarthy、数学家和神经学家 Minsky、IBM 公司信息中心主任 Lochester 以及数学家和信息学家 Shannon，其余6位科学家为 IBM 公司 More 和 Samuel、MIT 的 Selfridge 和 Solomonff，以及卡内基-梅隆大学的 Newell 和 Simon。1956年7月，这些专家在美国汉诺弗小镇的达特茅斯学院参加了长达两个月的研讨会，并提议正式使用"人工智能"这一术语。他们推测学习的每一个方面和智能的任何特征原则上都能被精确地描述并被机器模仿，并要尝试让机器能够使用语言，形成抽象概念，解决人类现存的各种问题。

在达特茅斯夏季研讨会之后，人工智能技术飞速发展，在理论与实践方面的成果犹如井喷般爆发。譬如，美国迅速形成了 CMU-RAND 协作组、IBM 公司工程课题研究组和 MIT 研究组等数个人工智能研究中心，并在人工智能的早期研究中取得了很大的成就。其中，CMU-RAND 协作组的 Newell、Shaw、Simon 等人的心理学小组在 20 世纪 60 年代末开发了一个名为"The Logic Theory Machine"的数学定理证明程序，它是世界上第一个人工智能项目。在英国哲学家 Russell 和其老师 Whitehead 合著的《数学原理》一书中的第二章有 52 个定理，它可以证明其中的 38 个，并在 1963 年完成了全部 52 个的证明。1960 年，他们又研制了一个名为"General Problem Solving"的程序，该程序可以求解 11 种不同类型的问题，如不定积分、三角函数、代数方程、猴子摘香蕉、河内梵塔、人羊过河等，这使启发式程序设计有了较大的普适性。IBM 公司研究组的 Samuel 招募有志于机器学习的程序员一起不断改进他在 1952 年开发的西洋跳棋程序，在 1959 年该程序击败了 Samuel 本人，1962 年又击败了美国一个州的冠军，Samuel 于 1959 年首次提出了"机器学习"这一术语。MIT 研究组的 McCarthy 在 1958 年建立了行动规划咨询系统。大约两年之后，他又开发了程序语言 Lisp，该语言成为当时人工智能研究领域最流行的程序语言。1961 年，Minsky 发表了论文《Steps toward Artificial Intelligence》，进一步促进了人工智能的发展。

1956 年，美国语言学家和生成语法创始人 Chomsky 提出了一种文法的数学模型，开创了形式语言的研究。1957 年，美国康奈尔航空实验室的心理学家 Frank Rosenblatt 提出了感知器的概念，在 IBM704 机上成功地完成感知器的仿真，并在两年后提出基于感知器的模式识别方法，把感知器从理论上升到实践，掀起了研究神经网络的第一个热潮。1959 年，Selfridge 提出了一种处理模型，不需要预先设定，计算机就可以通过该模型识别新模式。1961 年，美国计算机科学家 James Slagle 开发了符号自动积分程序 SAINT，这套启发式程序可以有效解决大学一年级微积分符号的整合问题。

1963 年，美国国防部高级研究计划局(DARPA)给麻省理工学院、卡纳奇-梅隆大学的人工智能研究组投入了大量经费，人工智能的研究迎来高潮，越来越多的人投身到相关领域的研究。1964 年，MIT 的 Daniel Bobrow 证明了计算机能通过掌握足够多的自然语言从而解决开发计算机代数词汇程序的难题。数学家 Ray Solomonoff 引入了通用的贝叶斯推理与预测方法，奠定了人工智能的数学理论基础。1965 年，计算机科学家 Robinson 提出了归结原理，推动了自动定理证明研究。同年，被誉为"专家系统和知识工程之父"的 Feigenbaum 开始研究第一个专家系统 DENDRAL。1966 年，Green 提出一阶谓词演算语句的知识表示法。1968 年，斯坦福大学教授 Terry Winograd 开发了理解早期语言的计算机程序 SHRDLU。1969 年，Arthur Bryson 和 Yu-Chi Ho 发现反向传播可以作为多阶段动态系统优化方法使用。

在国际研究方面，1969 年美国华盛顿召开了第一届国际人工智能联合会议，标志着人工智能作为一门独立学科登上国际学术舞台。1970 年《International Journal of AI》创刊，对开展人工智能国际学术活动和交流、促进人工智能的研究和发展起到了积极作用。

人工智能 1.0 时代是一个承上启下的时代。人工智能诞生后就很快在定理证明、问题求解、机器博弈、人工智能程序设计语言等关键领域取得了重大突破，经历了发展过程中的第一个高潮。同时，作为一门新兴的学科逐渐受到了世人的关注，吸引更多的人走向人工智能的探索之路，不畏艰难，勇往直前。

1.2.3 人工智能 2.0 时代

尽管人工智能的前途是光明的，但是其发展的道路绝对是曲折的。在 20 世纪 60 年代后期，人工智能的研究和发展就遇到了第一个低谷。

达特茅斯夏季研讨会之后，人工智能技术得到了快速发展。当时，一些研究者盲目乐观，对人工智能的未来发展和成果做出了过高的预言。譬如，美国 CMU-RAND 协作组的 Simon 在 20 世纪 60 年代初预言：10 年内计算机将成为世界冠军、将证明一个未发现的数学定理、将能谱写出具有优秀作曲家水平的乐曲、大多数心理学理论将在计算机上形成。

然而，在人工智能的实际发展过程中遇到了很多挫折。在博弈方面，Samuel 的下棋程序在与世界冠军对弈时，5 局败了 4 局；在定理证明方面，发现 Robinson 归结法的能力有限，当用归结原理证明两个连续函数之和还是连续函数时，推导了 10 万步也没得出结果；在问题求解方面，对于不良结构，会产生组合爆炸问题；在机器翻译方面，发现并不那么简单，甚至会闹出笑话；在神经生理学方面，研究发现人脑有 860 亿以上的神经元，在现有技术条件下用机器从结构上模拟人脑是根本不可能的。

1969 年，人工智能学家、图灵奖获得者 Minsky 与美国麻省理工学院的 Papert 发表了著名的《Perceptrons: An Introduction to Computational Geometry》一书，认为高中校友、学术上的同事 Rosenblatt 提出的感知器模型有一定的局限性和缺陷，并且用一个再简单不过的 XOR 逻辑算子宣判了神经网络的"死刑"。这部著作的出版，给当时神经网络和人工智能的发展带来了非常消极的影响，使其在之后的数十年几乎一蹶不振，并进入了一段相当长的"休眠"时期。人工智能的发展前景被蒙上了一层阴影。

在当时，人工智能面临的技术瓶颈主要有以下三个方面：研究条件方面，计算机性能低，不足以支撑一些程序中庞大的计算量；解决问题方面，早期人工智能程序主要是解决特定的复杂性低的问题，可一旦问题上升维度，程序立刻就不堪重负了；数据资源方面，当时数据的来源渠道远远少于现代，这很容易导致机器无法读取足够量的数据进行智能化。

然而，任何困难都不能扑灭广大研究者的热情，随着科技的进步、研究的深入，人工智能必将走出低谷，迎来春天。

1965 年，美国物理学家、1994 年度图灵奖获得者 Feigenbaum 所领导的研究小组开始研究专家系统，并于 1968 年成功研究出第一个专家系统 DENDRAL，从应用角度看，它能帮助化学家判断某待定物质的分子结构，输入质谱仪的数据，输出给定物质的化学结构。从技术角度看，他解决了知识表示、不精确推理、搜索策略、人机联系、知识获取及专家系统基本结构等一系列重大技术问题。专家系统成功地揭掉了贴在人工智能上的"死咒"，使其"起死回生"。

在 1977 年美国举行的第五届国际人工智能联合会议上，Feigenbaum 教授正式提出了"知识工程"的概念，并预言 20 世纪 80 年代是专家系统蓬勃发展的时代。后来，正如他所料，整个 80 年代，专家系统和知识工程在全世界得到迅速发展，专家系统为企业等用户赢得了巨大的经济效益。几乎每个美国大公司都拥有自己的人工智能小组，并应用专家系统或投资专家系统技术，衍生出了 Symbolics、Lisp Machines 等硬件公司和 IntelliCorp、Aion 等软件公司。在这个时期，仅专家系统产业的价值就高达 5 亿美元。日本和西欧也争先恐后地对专家系统的智能计算机系统开发进行投入，并应用于工业部门。1981 年，日本国际贸易和工业部向"第五代计算机"项目投入 8.5 亿美元，该项目只为开发出可以对话、翻译语言、解释图片、像人一样推理的计算机。表 1-1 是 19 世纪 80 年代部分具有代表性的专家系统。

表 1-1　部分代表性专家系统

专家系统	作　用
CASNET	用于青光眼的诊断，其设计指导思想还适用于其他疾病的诊断
MYCIN	严重感染时的感染菌诊断以及抗生素给药推荐
PROSPECTOR	地质勘探，已在发现大型钼矿藏中起到了重要的咨询作用
MACSYMA	帮助天文、物理应用数学家进行符号微积分运算和简化公式推演
RI(XCON)	按客户要求配置计算机系统
CADUCEUS	对内科领域 85%的疾病(包括并发症)进行诊断治疗

在知识应用时期，专家系统和知识工程以外的其他方面也取得了一些成就。1970 年，日本早稻田大学成功开发了第一个拟人机器人 WABOT-1，它包括了肢体控制系统、视觉系统、会话系统。10 年后又研制出人型音乐机器人 WABOT-2，可以与人沟通、阅读乐谱、演奏普通难度的电子琴曲目。1972 年，美国人工智能理论家、认知心理学家 Roger Schank 提出了概念从属理论。1979 年，Stanford Cart 在没有人干预的情况下自动穿过摆满椅子的房间，前后行驶了 5 小时，它主要依靠立体视觉来导航和确定距离，相当于早期无人驾驶汽车。

人工智能 2.0 时代，即知识应用阶段，确定了知识在人工智能中的重要地位，创立了"知识工程"的方法，开发了很多专家系统解决不同领域的问题，专家系统实现了人工智能从理论研究走向实际应用，从一般思维规律探讨走向专门知识运用的重大突破，是人工智能发展史上的一次重要转折。

与此同时，受国际人工智能广泛应用的影响，中国科学家们也意识到了人工智能的重要意义。邓小平在 1978 年 3 月 18 日召开的全国科学大会上发表了"科学技术是生产力"的讲话之后，中国人工智能的研究开始逐渐解禁并艰难起步。1981 年 9 月建立了全国性的人工智能组织——中国人工智能学会(CAAI)，标志着中国人工智能学科的诞生。其后又相继成立了中国人工智能学会智能机器人专业委员会、机器学习专业委员会、模式识别专业委员会等专业团体。举办了中国人工智能联合会议(CJCAI)、中国人工智能大会(CCAI)等，创建人工智能学术交流平台，促进了国内人工智能的发展。

1982 年，中国人工智能学会刊物《人工智能学报》在长沙创刊，为国内首份人工智能学术刊物。其后又创办了《模式识别与人工智能》《智能系统学报》《人工智能》等优秀刊物。1987 年 7 月，蔡自兴教授的《人工智能及其应用》在清华大学出版社出版，成为国内首部具有自主知识产权的人工智能专著，对人工智能在中国的传播和发展起到了极大地推动作用。

1.2.4　人工智能 3.0 时代

20 世纪 80 年代后期，专家系统本身所存在的应用领域狭窄、缺乏常识性知识、知识获取困难、推理方法单一、没有分布式功能、不能访问现存数据库等问题被逐渐暴露出来，各个争相进行的智能计算机研究计划先后遇到了严峻的挑战和困难，无法实现预期目标。1984 年，在年度 AAAI 会议上，Schank 和 Minsky 发出警告，他们认为"AI 寒冬"已经来临，人工智能泡沫很快就会破灭，各方面的投资与研究资金也相继减少，正如 70 年代发生的事情一样。之后，研究者们对人工智能开始抱有客观理性的认知，尤其是神经网络技术的迅速发展，使人工智能技术进入了一个相对平稳的发展时期，并取得了许多令人振奋的成果。

1982 年，物理学家 John Hopfield 证明使用神经网络可以让计算机以崭新的方式学习并处理信息，提出了模仿人脑神经网络的 Hopfield 模型，并且在 1984 年用运算放大器和电子线路设计出他所提出的神经网络模型的电路。同年，Rumelhart 与 McClelland 成立研究小组，研究并行分布式处理(PDP)方法，主要热衷于用人工神经系统模型来帮助理解思维的心理学功能，并于 1986 年提出了多层网络的误差反向传播(BP)算法。

1986 年，David Rumelhart、Geoffrey Hinton 和 Ronald Williams 发表论文《Learning Representations by Back-propagating Errors》，将反向传播算法应用到多层神经网络，使得大规模神经网络训练成为可能，受到了许多学者的重视，目前已被广泛应用。同年，在德国动态计算机视觉和无人驾驶汽车领域专家 Ernst Dickmanns 的指导下，慕尼黑大学开发了第一辆无人驾驶汽车，这是一辆配有摄像头和传感器的厢式货车，最高时速达到了 55 英里/小时。

1987 年，苹果当时的 CEO John Sculley 在 Educom 发表主题演讲，谈到了"知识领航员"的概念，他认为"可以用智能代理连接知识应用，代理依赖于网络，可以与大量数字化信息联系"。当年，苹果和 IBM 公司生产的台式机性能都超过了 Symbolics 等厂商生产的通用计算机。

1988 年，Rollo Carpenter 开发了聊天机器人 Jabberwacky，它可以用有趣、娱乐、幽默的形式模拟人类对话。同年，计算机科学家和哲学家 Judea Pearl 发表《Probabilistic Reasoning in Intelligent Systems》，之后在 2011 年获得图灵奖，颁奖词称："Pear 为不确定条件下处理信息找到了具象特征，奠定了计算基础。人们认为他是贝叶斯网络的发明人，贝叶斯网络是一套数据形式体系，可以确定复杂的概率模型，还可以成为这些模型推断时的主导算法。"

1990 年，澳大利亚机器人专家 Rodney Brooks 提出了新的人工智能方法——利用环境交互重新打造智能系统和特殊机器人。

1995 年，Richard Wallace 开发了聊天机器人 ALICE(Artificial Linguistic Internet Computer Entity)，它受到了 ELIZA 的启发，由于互联网已经出现，网络为 Wallace 提供了海量自然语言数据样本。

1997 年，IBM 公司研制的超级计算机 Deep Blue 与世界排名第一的国际象棋冠军 Garry Kasparov 进行了一场轰动的人机大赛。Kasparov 年少成名，被誉为有史以来最伟大的棋手，但他一分钟最多能思考三步，而与之对阵的 Deep Blue 则存储了一百年来几乎所有顶级大师的开局和残局棋谱，一秒钟内能计算两亿步棋。它不知疲倦，没有情绪，在赛场上肆无忌惮地高速运算着。最终，Deep Blue 以 3.5：2.5 的成绩完胜人类代表，结果震撼了全世界，又一次在公众领域引发了现象级的"人工智能"话题讨论，对当时计算机人工智能的发展来说，这是一个划时代的事件。

Deep Blue 的胜利使人们对人工智能有了新的认识，但是又很快发现这种人工智能技术仅仅停留在超级运算和娱乐的角度，对人类的生产、生活并没有带来任何颠覆性影响和变化。因此，在 Deep Blue 战胜 Kasparov 后不久，人工智能的发展又趋于平静。甚至，相当长的一段时间人们都很少提及"人工智能"，研究者也很少将自己的研究归于人工智能范畴，相反更喜欢称为机器学习、机器翻译、模式识别、计算机视觉、数据挖掘、自然语言理解等其他专业术语。

人工智能 3.0 时代与人工智能 2.0 时代的发展有相似之处，都经历了发展的低谷。不过相比于第一次低谷，在经历第二次低谷时人们对待人工智能的发展更加的客观和理智，人

❖ 第 1 章 人工智能概述

工智能稳定发展，在神经网络、机器人等很多方面都取得了成就，为后续人工智能发展第三次热潮的到来做好了准备。

1.2.5 人工智能 4.0 时代

2000 年，MIT 研究人员 Cynthia Breazeal 开发了 Kismet，它是一个可以识别、模拟表情的机器人。同年，日本本田技研工业株式会社推出智能机器人 ASIMO，除具备了行走功能与各种人类肢体动作之外，还可以预先设定动作，依据人类的声音、手势等指令，做出相应动作，此外，他还具备了基本的记忆与辨识能力。

2001 年 6 月，美籍犹太裔著名导演 Steven Allan Spielberg 拍摄的电影《人工智能》上映，影片讲述了一个被输入情感程序的机器男孩"大卫"为了寻找养母，险些被机器人猎人销毁，但他依然坚持着梦想的故事，电影开启了人类探索人工智能发展的梦想之旅。

2003 年，神经生物学家 Dayan 等对突触连接强度和兴奋先后顺序进行深入研究，提出了 STDP 学习规则并给出了相应的数学模型。

2006 年， Geoffrey Hinton 提出了不需要人的监督就可以自动学习文本的"机器阅读"系统及其概念。根据他的构想，随后研究者开发了多层神经网络结构，这种网络包括自上而下的连接点，可以生成感官数据训练系统，而不是用分类的方法训练，这些理论指引了后来的深度学习研究。

2007 年，李飞飞和普林斯顿大学的同事携手合作，研究并提出了时下非常流行的大型数据库 ImageNet，旨在为视觉对象识别软件研究提供辅助。

2009 年，Rajat Raina、Anand Madhavan 和 Andrew Ng 发表了论文《Large-scale Deep Unsupervised Learning using Graphics Processors》，他们认为"现代图形处理器的计算能力远超多核 CPU，GPU 有能力为深度无监督学习方法带来变革。"这为人工智能技术的实现和应用指明了一条切实可行的途径。同年，Google 公司开始秘密研发无人驾驶汽车，并于 2014 年在美国内华达州通过了自动驾驶测试。

2011 年 2 月，IBM 公司开发的自然语言问答计算机"Watson"在"危险边缘(Jeopardy!)"中击败节目历史上赢得奖金最多的人类选手 Brad Rutter 和 Ken Jennings。人工智能在自然语言处理方面取得了重大的突破，机器开始掌握人类语言，并且开始显示出人类思考的特质。同年，在德国交通标志识别竞赛中，卷积神经网络成为赢家，它的识别率高达 99.46%，超过了人类的识别能力(人类识别率约为 99.22%)。瑞士 Dalle Molle 人工智能研究所发布报告称，用卷积神经网络识别手写笔迹，错误率只有 0.27%，之前几年错误率为 0.35%～0.40%，进步巨大。

2012 年 6 月，Google 公司的 Jeff Dean 和 Andrew Ng 发布报告，两人向大型神经网络

展示随机从 YouTube 视频中抽取的 1000 万张未标记的图片,发现当中的一个人工神经元对猫的图片特别敏感。10 月,多伦多大学设计的卷积神经网络参加 ImageNet 大规模视觉识别挑战赛(ILSVCR),错误率只有 16%,与往年 25%的错误率相比有了很大的改进。

2013 年 7 月,美国 Boston Dynamic 公司成功开发了 Atlas 机器人,Atlas 是一个身高 1.8 米双足人形机器人,专为各种搜索及拯救任务而设计。2016 年 2 月,Boston Dynamic 公司又发布了第二代 Atlas 机器人,它身高 1.9 米,体重 82 公斤,内置电池驱动,专门用于移动操纵,非常擅长在各类地形上行走,包括雪地。2018 年 10 月,Atlas 实现了"跑酷"和"三连跳"。

2016 年 3 月,Google 公司 DeepMind 研发的 AlphaGo 对战世界围棋顶尖高手李世石九段,并最终取得了胜利。这场在韩国打响的世纪人机大战在全球范围内迅速引爆了人工智能的热潮。这一次的胜利不同于之前"Deep Blue"战胜国际象棋冠军。国际象棋走法虽多,但一台计算机基本上可以搞定,"Deep Blue"通过编程,依靠蛮力看到所有的可能性,就可以获胜。但对于素有"千古不同局"说法的围棋,下法多达 10^{172} 种,一台计算机就搞不定了,AlphaGo 在 Google 公司超级服务器集群的支撑下,在深度学习算法的指引下,选择了人类棋手不会选择的落子方式取得了胜利。不是预先编程好的,而是发展出了自身的智能,表现出了创造力和直觉等人类特质,震惊了世界。

2016 年 9 月,Facebook、Amazon、Google、IBM 和 Microsoft 结成史上最大的人工智能联盟,旨在进行人工智能的研究与推广,人工智能大刀阔斧地走向了工业实际应用。

2017 年 1 月,AlphaGo 以"Master"为名,横扫各大围棋网站,对局以快棋形式进行,Master 战胜人类顶尖高手,取得 60 局连胜。AlphaGo 的胜利使人工智能引起了世界各地的关注,一些人称之为一次新的技术竞赛,类似冷战时期的技术竞赛。但无可厚非,一个人工智能的人类新时代即将开启。

2017 年 7 月,百度在人工智能开发者大会上宣布开源自动驾驶系统 Apollo,助力合作伙伴搭建自动驾驶系统。在 2018 年中国 CCTV 春节联欢晚会上,百度 Apollo 无人车引领着上百辆车队组成的车阵通过港珠澳大桥,并完成了 8 字交叉跑的高难度动作,让全球观众享受了一场极具视觉震撼的高科技"年夜饭"。

2018 年 5 月 1 日晚,在古城西安城墙文化节上,利用人工智能技术控制的 1374 架无人机分别从南门城墙及东西延伸区域起飞,最后汇聚至南门上空进行编队飞行表演,组成和展示最具中国特色、陕西文化以及西安元素的特色造型,如:"西安最中国""奔跑吧西安""新时代""四十周年"等文字及城楼、大雁塔、"5.1""1374"等图案和数字。现场灯光、音乐立体配合无人机表演,达到声、光、机交相辉映的震撼效果,并创造了"最多无人机同时飞行"的吉尼斯世界纪录。

2018 年 9 月 19 日云栖大会上,杭州"城市大脑"2.0 正式发布。从 2016 年开始,"城市大脑"经过两年多的试点，除了杭州主城限行区域全部接入大脑，此外还有余杭区临平、未来科技城两个试点区域及萧山城区，总计 420 平方公里，相当于 65 个西湖。 杭州"城市大脑"汇聚了城市交通管理、公共服务、运营商等海量数据，依托高性能计算平台，在历史上首次实现了城市数据的汇聚、融合、计算，甚至可以数出每时每刻跑在路上的车辆数，改变了传统用静态的机动车保有量来制定交通政策的方式，也解决了交通工程数十年未曾突破的根本问题。除了交通、消防之外，"城市大脑"目前还在征信系统、市容市政管理、旅游交通等多方面进行应用尝试，梦想中的城市"乌托邦"正离人们越来越近。

2018 年 11 月 7 日的第五届世界互联网大会上，新华社联合搜狗公司发布了全球首个"AI 合成主播"，运用最新人工智能技术，"克隆"出与真人主播拥有同样播报能力的"分身"，在全球人工智能合成领域和新闻领域均开创了先河，再一次让新闻界为之震动。

2019 年，Intel，NVIDIA，AMD，ARM 和 Qualcomm 等芯片制造商针对与计算机视觉、自然语言处理和语音识别相关的特定用例和场景处理，推出了许多专用芯片，加速人工智能应用的执行。另外，医疗保健和汽车行业也将应用这些人工智能芯片为最终用户提供智能化服务。

同时，与人工智能在前几个阶段更多被学术界关注所不同，在 4.0 时代热潮中，人工智能则首先被商业和产业界所青睐，而且似乎更容易被大多数普通民众所接纳。目前，人工智能正向多技术、多方法的综合集成与多学科、多领域的综合应用方向发展。人工智能将成为未来的关键技术趋势，从业务应用到技术支持，将对各个行业和人类生活产生重大影响。

1.3 发展人工智能的战略意义

1.3.1 中国的人工智能战略

在日新月异的新一代信息技术中，人工智能已经成为当之无愧的核心，全球领导者之争也正式拉开帷幕。为了在人工智能发展上占据先机，避免在这场世纪之争中落于人后，丧失国家发展的关键机遇，世界上各个大国都纷纷推出关于人工智能的重磅报告，努力将人工智能技术发展提升为国家战略，并且围绕着人工智能技术创新、人才培养、标准规范等环节展开了全方位布局，出台了大量政策、措施和战略规范，努力加强人工智能发展的顶层设计，抢占战略制高点。图 1-2 为国际上一些主要国家和组织的人工智能战略发布时间和大事件图。

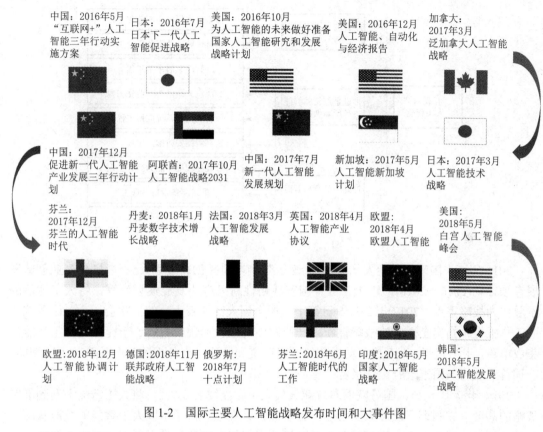

图1-2 国际主要人工智能战略发布时间和大事件图

作为全球第二大经济体，中国政府近年来充分向世人展现和宣告了引领全球人工智能技术研究和应用的雄心壮志。

2014年6月9日，中国科学院第十七次院士大会、中国工程院第十二次院士大会强调要"审时度势、全盘考虑、抓紧谋划、扎实推进"发展人工智能技术。2015年5月，国务院印发《中国制造2025》，提出加快推动新一代信息技术与制造技术融合发展，把智能制造作为两者深度融合的主攻方向。

2015年7月，国务院发布《关于积极推进"互联网+"行动的指导意见》，将人工智能列为其十一项重点行动之一，具体有三大方向。次年5月，为落实该指导意见，加快人工智能产业发展，国家发展改革委、科技部、工业和信息化部、中央网信办制定了《"互联网+"人工智能三年行动实施方案》，提出了三大方向共九大工程，如图1-3所示。方案系统地提出了中国在2016—2018年间人工智能发展的具体思路和内容，并提出了资金支持、标准体系、知识产权、人才培养、国际合作、组织实施六个相关的保证措施。

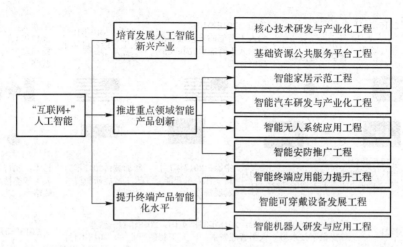

图 1-3　三大方向九大工程

2016 年，中国政府制定发布了《"十三五"国家科技创新规划》《智能硬件产业创新发展专项行动(2016—2018)》《"十三五"国家战略性新兴产业发展规划》等，将人工智能的发展作为战略重点。2017 年 3 月 5 日第十二届全国人民代表大会第五次会议上，国务院政府工作报告中指出全面实施战略性新兴产业发展规划，加快新材料、新能源、人工智能、集成电路、生物制药、第五代移动通信等技术研发和转化，做大做强产业集群。"人工智能"一词首次被写入国家政府工作报告。

2017 年 7 月 8 日，国务院颁布《新一代人工智能发展规划》，将人工智能上升到国家战略的高度。它强调了发展人工智能的必要性，客观地分析了中国人工智能的发展状况。从总体要求、重点任务、资源配置、保障措施、组织实施等各个层面阐述了人工智能发展规划，进一步明确了新一代人工智能发展的战略目标，如图 1-4 所示。

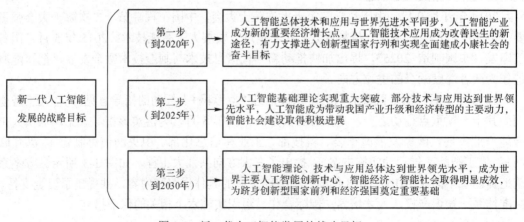

图 1-4　新一代人工智能发展的战略目标

《新一代人工智能发展规划》还提出六个方面重点任务，如图 1-5 所示。该规划为中国人工智能的发展指明了方向。

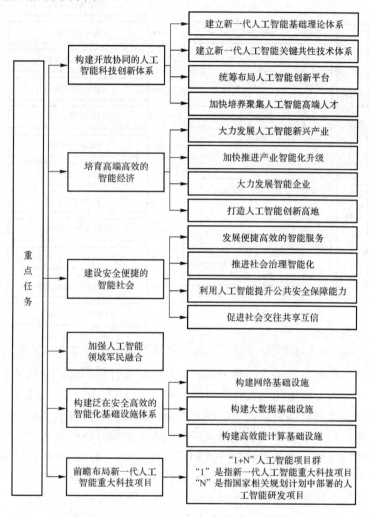

图 1-5　《新一代人工智能发展规划》重点任务

　　2017 年 12 月，工业和信息化部又专门出台了《促进新一代人工智能产业发展三年行动计划(2018—2020 年)》。指出人工智能具有显著的溢出效应，与经济社会各领域的深度渗透融合，推动制造强国和网络强国建设，助力实体经济转型升级。该计划可看作是《新一代人工智能发展规划》的第一步战略，希望推动中国的人工智能产业到 2020 年达到世界一流水平。具体来说，主要试图推动如图 1-6 所示的四个方面的主要工作。

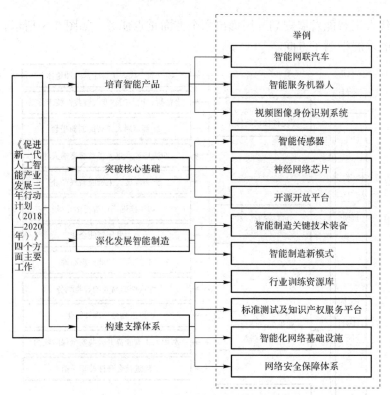

图 1-6 《促进新一代人工智能产业发展三年行动计划》主要工作

国家在加快出台鼓励支持人工智能发展的政策性文件的同时，加大了人工智能领域的资金投入，启动了人工智能的重大科技项目。2017 年 11 月 15 日，科技部召开新一代人工智能发展规划暨重大科技项目启动会，标志着新一代人工智能发展规划和重大科技项目进入全面启动实施阶段。会议宣布首批国家新一代人工智能开放创新平台名单：依托百度公司建设自动驾驶国家新一代人工智能开放创新平台；依托阿里云公司建设城市大脑国家新一代人工智能开放创新平台；依托腾讯公司建设医疗影像国家新一代人工智能开放创新平台；依托科大讯飞公司建设智能语音国家新一代人工智能开放创新平台。

2018 年 10 月 31 日，中共中央政治局就人工智能发展现状和趋势举行第九次集体学习，一致认为，人工智能是新一轮科技革命和产业变革的重要驱动力量，加快发展新一代人工智能是事关能否抓住新一轮科技革命和产业变革机遇的战略问题。要深刻认识加快发展新一代人工智能的重大意义，加强领导，做好规划，明确任务，夯实基础，促进其同经济社会发展深度融合，推动中国新一代人工智能健康发展。

作为"全球最具有潜力的国家"，中国在人工智能领域正在从"跟跑"逐渐走向"领跑"，而且有理由相信中国的人工智能会发展得越来越好。

1.3.2 美国的人工智能战略

2016 年 10 月 13 日，美国总统办公室发布了两份重要报告《为人工智能的未来做好准备》和《国家人工智能研究与发展战略计划》。紧接着 12 月 20 日，美国白宫发布了第三份人工智能国家战略层面的报告《人工智能、自动化与经济》。这三份报告对美国的人工智能提出了建议与应对策略，为美国人工智能技术的发展奠定了基础。

《为人工智能的未来做好准备》由美国国家科技委员会的机器学习与人工智能分委会完成，报告指出未来人工智能将扮演越发重要的角色，发展人工智能很重要。为应对这种发展趋势，针对人工智能的发展现状、现有及潜在应用、人工智能技术进步引发的社会及公共政策等相关问题进行了系统分析。该报告就联邦机构和其他相关者如何采取进一步举措，给出了二十三条具体建议，号召业界、公民社会、政府和公众共同努力，支持技术的发展，密切关注人工智能的发展潜力，管理人工智能的风险，使人工智能成为经济增长和社会进步的主要驱动力。

《国家人工智能研究与发展战略计划》由美国网络与信息技术研发小组委员会 (Networking and Information Technology Research and Development，NITRD)专门成立的人工智能工作小组编写。该计划旨在促进经济发展、改善生活质量和加强国家安全，具体七大战略规划如图 1-7 所示。该报告对于美国和全球各国未来人工智能发展战略的制订都具有重要的借鉴和参考价值。

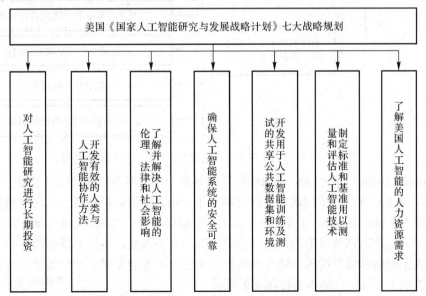

图 1-7 美国《国家人工智能研究和发展战略计划》七大战略规划

《人工智能、自动化与经济》由美国总统行政办公室团队编写，是继《国家人工智能研究与发展战略计划》和《为人工智能的未来做好准备》之后的第三份国家战略层面的报告。这份报告深入考察了人工智能驱动的自动化将会给经济带来的影响，得出人工智能将促进科技进步和提高生产增长率，同时对劳动力市场造成潜在的多样性影响，确认了四类在未来可能直接由人工智能驱动的工作。针对研究结果提出了国家层面上的三大应对策略，具体如图1-8所示。

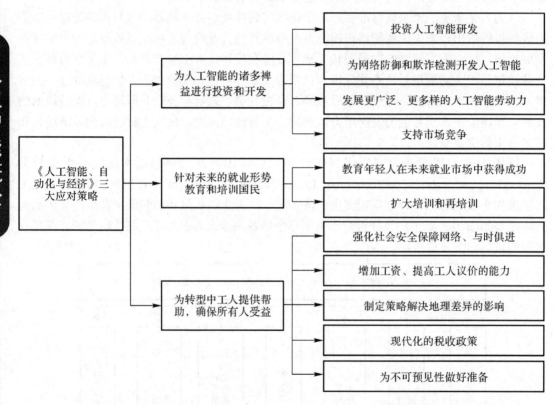

图1-8　美国《人工智能、自动化和经济》三大应对策略

自 Donald Trump 上任以来，美国政府开始寻求一种截然不同的、自由市场导向的人工智能战略。2018 年 5 月，美国政府在白宫举办了一场人工智能科技峰会。白宫科技政策办公室副主任 Michael Kratsios 宣布将组建人工智能特别委员会(Select Committee on Artificial Intelligence)，它由联邦政府中的最高级别研究部门官员组成，将结合各部门优势，改善联邦政府在人工智能领域的投入。峰会还得出了关于人工智能发展的四个关键结论以及政府目前发展的四大目标，具体内容如图1-9所示。

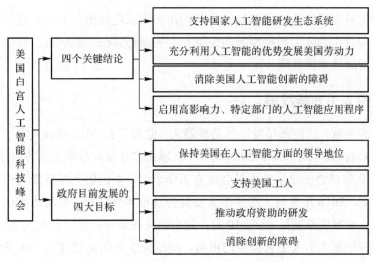

图 1-9　美国白宫人工智能科技峰会内容

　　此外，2019 年 2 月 11 日，适逢中国农历春节期间，美国总统 Trump 签署了《保持美国在人工智能领域的领导地位》的行政命令，正式启动美国人工智能计划，这是美国政府首次推出国家层面的人工智能促进计划。本次签署的行政命令旨在从国家战略层面调配更多联邦资金和资源转向人工智能研究，以应对来自"战略竞争者和外国对手"的挑战，并呼吁美国主导国际人工智能标准的制定，培养和吸收人工智能领域人才，以确保美国在该领域的领先地位。

　　美国人工智能计划包括图 1-10 所示的五个关键领域。

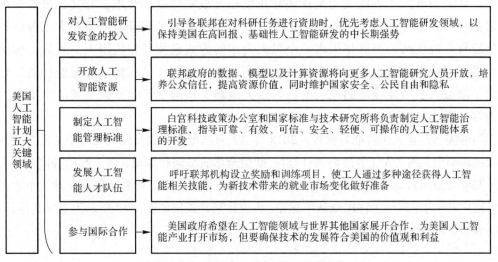

图 1-10　美国人工智能计划关键领域

作为一个世界超级大国,美国是到目前为止在国家层面出台人工智能政策、战略报告最多的国家,而且作为人工智能领域的先驱者,美国仍然在智能制造、智能芯片等众多领域引领着人工智能技术的发展。

1.3.3 欧盟的人工智能战略

在人工智能领域,欧盟最早发展的是机器人。欧盟早在 2014 年就发布了《2014—2020 欧洲机器人技术战略》《地平线 2020 战略——机器人多年发展战略图》等机器人相关内容。2015 年 1 月,欧盟议会法律事务委员会成立工作小组,专门研究与机器人和人工智能发展相关的法律问题。2016 年 5 月,法律事务委员会发布《就机器人民事法律规则向欧盟委员会提出立法建议的报告草案》。同年 10 月,发布研究成果《欧盟机器人民事法律规则》,建议欧盟成立监管机器人的人工智能专门机构,制定人工智能伦理准则,赋予自助机器人法律地位,明确人工智能知识产权等。

2018 年 3 月,欧盟内设智库欧洲政治战略中心(The European Political Strategy Centre,EPSC)发布了题为《人工智能时代:确立以人为本的欧洲战略》的报告,介绍了全球人工智能研发投入和发展情况,分析了欧洲人工智能的发展态势,将欧洲的人工智能发展情况与其他国家进行对比,树立人工智能品牌战略,针对人工智能发展过程中遇到的劳动者被替代的问题和人工智能偏见等问题提出了应对策略。

2018 年 4 月,欧盟正式提出了《欧盟人工智能》报告,表明了欧盟对人工智能的态度,认为发展人工智能无论是在实际角度还是战略角度都有重要意义。报告分析了欧盟在国际人工智能竞争中的地位,不同于中国和美国等国家,欧盟在人工智能领域虽然没有先发优势,但其将采取一个以人为本的方式来发展和应用人工智能,确保人工智能技术能够给个人和社会整体带来福利。报告还制订了欧盟人工智能行动计划,提出了欧盟人工智能战略的三大支柱。三大战略支柱确立了欧盟人工智能价值观,具体内容如图 1-11 所示。

为落实《欧盟人工智能》报告,2018 年 12 月欧盟及其成员国又发布了主题为"人工智能欧洲制造"的《人工智能协调计划》。欧盟全体成员国和挪威、瑞士等国共同部署人工智能发展与应用协调计划,要加强合作,推动人工智能应用,对外争取在全球竞争中占据优势地位,对内争取让全体民众从中受益。协调计划共提出如图 1-12 所示的七项具体行动,且明确了每项行动的时间安排。

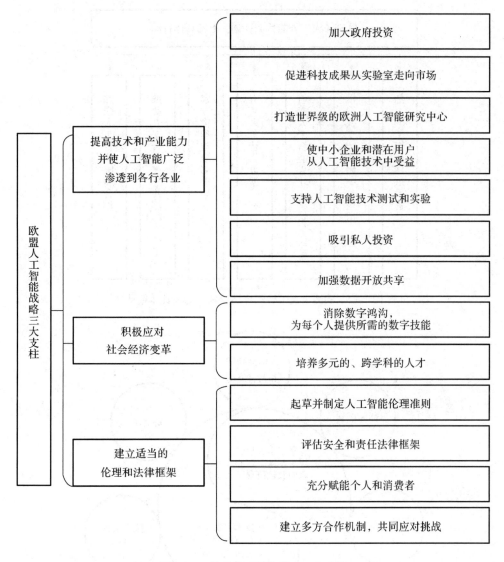

图 1-11　欧盟人工智能战略三大支柱

　　2019 年 4 月 8 日，欧盟委员会发布《人工智能伦理准则》，以提升人们对人工智能产业的信任。欧盟委员会同时宣布启动人工智能伦理准则的试行阶段，邀请工商企业、研究机构和政府机构对该准则进行测试。准则将人工智能定义为可以分析环境，并行使一定的自主权来执行任务的"显示智能行为的系统"。还提出了"可信赖人工智能"的概念，图1-13 是可信赖人工智能七个关键条件和两个必要的组成部分。

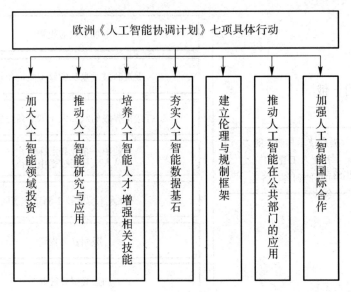

图 1-12　欧洲《人工智能协调计划》七项具体行动

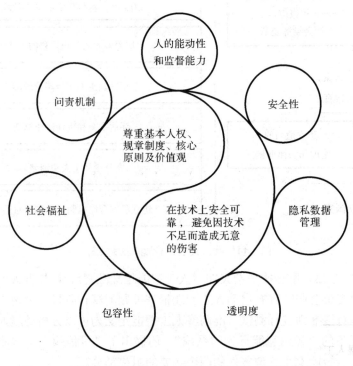

图 1-13　可信赖人工智能七个关键条件和两个必要的组成部分

1.3.4 其他国家的人工智能战略

1. 俄罗斯

2018 年 3 月，俄罗斯国防部联合俄联邦教育与科学部、俄罗斯科学院召开会议，邀请国内外人工智能研究者和用户对全球人工智能发展进行研判，试图举俄罗斯全国学术、科技以及商业用户之力，制订出一份"俄罗斯人工智能发展计划"。目前，已发布了一份"十点计划"，对未来俄罗斯人工智能的研究工作以及各部门、各机构的协调分工做出了指导性概括。这份计划涵盖了未来俄罗斯人工智能研究的组织执行机构、教育培训、理论跟踪以及实用探索等多个领域，具体内容如表 1-2 所示。

表 1-2 俄罗斯人工智能发展"十点计划"

序号	计　划	说　明
1	组建人工智能和大数据联合体	整合科技、教育以及工业行业等在该领域的领军团体，形成一个融计划性、组织性、协调性以及执行能力于一身的全国性大型联合机构
2	获取人工智能相关专业知识	俄罗斯科学院联合国防部、教育与科学部、工业与贸易部成立"解析算法与项目基金"，为相关研究提供知识和资金方面的保障
3	建立国家人工智能培训和教育体系	联邦教育与科学部、科学院、国防部共同提议建立一个人工智能专家培训和再培训的国家教育体系
4	组建人工智能实验室	国防部与联邦科学组织机构、莫斯科国立大学以及信息与发展研究中心在时代科技研发园区建立人工智能先进软件和技术解决方案实验室
5	建立国家人工智能中心	建立国家人工智能中心，以便在人工智能和 IT 行业协助建立科技储备力量，建设人工智能基础设施，并开展相关理论的研究和新项目的启动工作
6	监测全球人工智能发展	组织人工智能开发研究，以监测人工智能的中长期发展趋势，跟踪其他国家的人工智能研发情况，并了解人工智能的"社会科学"影响
7	开展人工智能演习	国防部组织开展各种场景下的军事演习，以确定人工智能模型对战术、战役和战略层面军事作战性质变化的影响

序号	计 划	说 明
8	检查人工智能合规性	高级研究基金会与俄罗斯科学院、联邦教育与科学部以及联邦科学组织机构一起根据既定需求为建立"智力技术"合规性评估系统提出建议
9	在国内军事论坛上探讨人工智能提案	所有这些建议在 2018 年 8 月的"陆军 2018 年"和"国家安全周"国际论坛期间供所有感兴趣的联邦执行机构探讨
10	举办人工智能年度会议	国防部、联邦教育与科学部和科学院每年召开一次人工智能会议

根据 2019 年 2 月 27 日总统网站发布的普京总统国情咨文中将要实施的任务清单显示，俄政府必须制定出俄罗斯在人工智能领域的国家战略，并推出补充措施，加速对人工智能、物联网、机器人和大数据领域内的中小企业项目的投资和支持。

2. 法国

2018 年 3 月，在欧盟推出的人工智能战略的基础上，法国公布了《人工智能发展战略(AI For Humanity Strategy)》，旨在推动法国成为人工智能领域的全球领先国家之一。战略表明将重点结合医疗、汽车、能源、金融、航天等法国较有优势的行业来研发人工智能技术。法国政府将在马克龙的首任总统任期结束前投入 15 亿欧元，为法国人工智能技术研发创造更好的综合环境。15 亿欧元计划主要分四个部分，如图 1-14 所示。

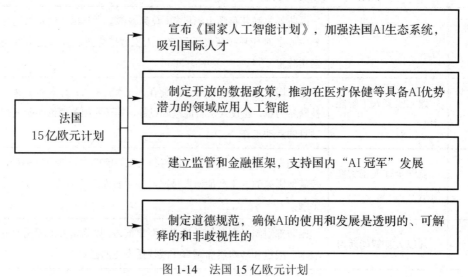

图 1-14　法国 15 亿欧元计划

3．英国

2016 年 10 月，英国科学和技术委员会发布了关于人工智能和机器人的报告，并将自己视为该领域的全球领导者。

英国于 2018 年 4 月公布《人工智能产业协议(AI Sector Deal)》，是政府工业战略的一部分，旨在推动英国成为全球人工智能领导者。协议中，英国政府和行业共允诺对人工智能领域给予 95 亿英镑的资金支持，提出了英国应对人工智能带来的机遇和挑战的总体策略，具体内容如图 1-15 所示。

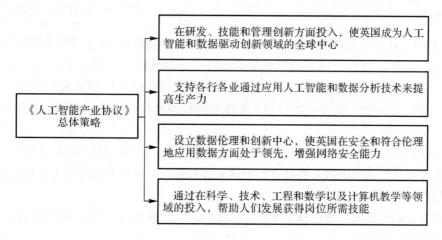

图 1-15　英国《人工智能产业协议》总体策略

4．加拿大

加拿大也是全球最早发布人工智能全国战略的几个国家之一。2017 年 3 月，加拿大政府发布了《泛加拿大人工智能战略(Pan-Canadian Artificial Intelligence Strategy)》，并计划拨款 1.25 亿加元支持人工智能研究及人才培养，其目标是将加拿大建设成为人工智能研究的全球领先者。该战略包含四个目标，具体内容如图 1-16 所示。

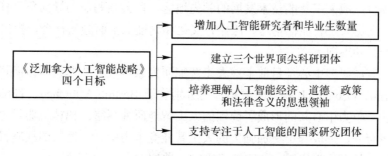

图 1-16　《泛加拿大人工智能战略》四个目标

加拿大高等研究院(Canadian Institute for Advanced Research，CIFAR)在战略计划中起带头作用，与政府及三个新兴人工智能机构——阿尔伯塔机器智能研究院(Alberta Machine Intelligence Institute，AMII)、向量研究所(Vector Institute)及蒙特利尔学习算法研究所(Montreal Institute of Learning Algorithms，MILA)一一展开密切合作。

加拿大的人工智能战略与其他国家战略存在很大差异，它主要侧重于人才培养，总体战略不包括战略部门投资、数据隐私、技能开发等政策，这些政策与《泛加拿大人工智能战略》相分离，而不是其中一部分。

5. 印度

2018年5月，印度政府智库发布《国家人工智能战略》，将人工智能应用重点放在健康护理、农业、教育、智慧城市和基础建设、智能交通五大领域上，以"AI卓越研究中心"与"国际AI转型中心"两级综合战略为基础，投资科学研究，鼓励技能培训，加快人工智能在整个产业链中的应用，最终实现将印度打造为人工智能发展模本的宏伟蓝图。

该战略旨在实现"AI for all"的目标，包括使印度人拥有找到高质量工作的技能，投资能够最大限度扩大经济增长和社会影响的研究和部门，将印度创造的人工智能解决方案推广到其他发展中国家。

印度政府的国家人工智能战略采取了独特的做法，重点关注印度如何利用人工智能促进经济增长和社会包容。

6. 德国

德国是最先提出"工业4.0"的国家。2018年7月，德国联邦政府出台了《联邦政府人工智能战略要点》的文件，要求联邦政府加大对人工智能相关重点领域研发和创新转化的资助，加强人工智能基础设施建设，是之后11月发布的《联邦政府人工智能战略报告》的指导纲领。《联邦政府人工智能战略报告》确定了德国人工智能的近期发展方向，提出要将德国和欧洲打造成人工智能技术发展的领先地区，以公共利益为导向负责任地发展和应用人工智能，促进人工智能在伦理、法律、文化和制度上全面融入社会，提出了如图1-17所示的十二个行动方向。

德国人工智能研究中心是目前全球人工智能研究领域最大的非营利科研机构，分布在Bremen、Berlin、Osnabrück等五个城市，与分别位于Berlin、München、Tübingen等地的六所人工智能竞争力中心共同形成了德国的人工智能研究网络。柏林机器学习中心和柏林大数据中心将合并，形成一个更加强大的人工智能竞争力中心。德国的战略目标是保持全球人工智能领域长期领先位置，并不断巩固这一地位。

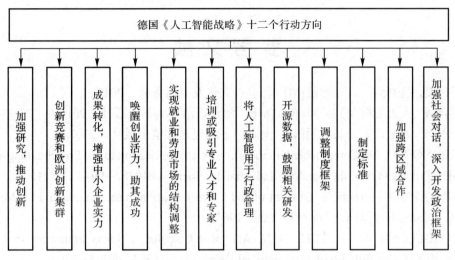

图 1-17　德国《人工智能战略》十二个行动方向

　　2019 年 9 月，德国联邦教育与研究部宣布为进一步加强德国在人工智能研究领域的国际竞争力，联邦政府将增加资金支持，比原计划数额翻了一倍。并呼吁政界、科学界、企业界和全社会加强合作，因为只有这样人工智能领域的研究才能付诸应用。德国联邦政府到 2025 年共将投入约 30 亿欧元用于战略实施，其杠杆效应还将撬动同等数额的私人投资。

　　总体可见，各国人工智能政策各有偏重、各具特色，在技术水平、市场应用等方面也都不尽相同。其中，中美两国具有数据资源丰富、人才储备较多等优势，政策较为全面；其他各国强调垂直行业应用，政策有所偏重。未来，随着世界各国人工智能政策陆续落地，资金投入的相继到位，发展战略的日益完善，人工智能技术发展必将会日新月异。

习　题

1. 阐述人工智能的涵义是什么？
2. 简述人工智能的发展过程。
3. 阐述中国的人工智能战略。
4. 简述美国人工智能战略重点有哪些？
5. 欧盟的人工智能的战略特点是什么？
6. 比较说明各个国家人工智能战略之间的异同之处。
7. 结合一个行业，说明人工智能在其中的应用和体现。
8. 结合自己的经历，谈谈你对未来人工智能技术发展的展望。

参 考 文 献

[1] 李开复，王咏刚. 人工智能[M]. 北京：文化发展出版社，2017.

[2] 蔡自兴. 人工智能及其应用. 5 版[M]. 北京：清华大学出版社，2016.

[3] 佘玉梅. 人工智能及其应用[M]. 上海：上海交通大学出版社，2007.

[4] TURING A M. On Computable Numbers，with an Application to the Entscheidungsproble m[J]. Proceedings of the London Mathematical Society，1938，43(43):13-115.

[5] WIENER N. Cybernetics：Or Control and Communication in the Animal and the Machine [M]. Cambridgr，MA：The MIT Press. 1965.

[6] MCCULLOCH W S，PITTS W H. A logical Calculus of Ideas Immanent in Nervous Activity[J]. The Bulletin of Mathematical Biophysics，1942，5:115-133.

[7] MINSKY M. Steps toward Artificial Intelligence[J]. Proceedings of the Ire，1963，49(1):8-30.

[8] MINSKY M L，PAPERT S. Perceptrons—An Introduction to Computational Geometry[J]. 1988.

[9] 工业和信息化部贯彻落实《国务院关于积极推进"互联网+"行动的指导意见》的行动计划(2015—2018 年)[J]. 功能材料信息，2016, 13(06)：17-23.

[10] 国务院印发《新一代人工智能发展规划》[EB/OL]. (2017-07-20)[2020-01-01]. http://www.gov.cn/xinwen/2017-07/20/content_5212064.htm

[11] 工业和信息化部关于印发《促进新一代人工智能产业发展三年行动计划(2018—2020 年)》的通知[EB/OL]. (2017-12-14)[2020-01-01]. http://www.miit.gov.cn/n1146295/n1146562/n1146650/c6271079/content.html

[12] 闫志明，唐夏夏，秦旋，等. 教育人工智能(EAI)的内涵、关键技术与应用趋势：美国《为人工智能的未来做好准备》和《国家人工智能研发战略规划》报告解析[J]. 远程教育杂志，2017，35(1)：26-35.

[13] 白宫召开人工智能峰会，科技巨头齐亮相[EB/OL]. (2018-05-08)[2020-01-01]. http://www.sohu.com/a/230902752_114760.

[14] 欧洲人工智能战略解读：走向以人为本的人工智能时代[EB/OL]. (2019-04-25) [2020-01-01]. http://baijiahao.baidu.com/s?id=15987204395109179408wfr=spider&for=pc.

[15] 腾讯研究院. 人工智能[M]. 北京：中国人民大学出版社，2017.

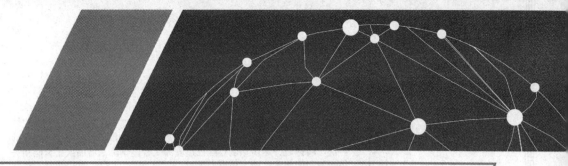

第2章

人工智能专业的培养目标与课程体系

2.1 人工智能专业概述

乘着大数据、计算力等飞速发展的春风，人工智能像春雨一般"润物细无声"地渗透到生产、生活、工作中的各个领域，各界也都纷纷行动起来迎接这场"好雨"。各个国家和政府组织对人工智能的关注较以前是有过之而无不及，不少国家已经出台政策将人工智能发展提升到国家战略的层面，且这种趋势会越来越明显。众多企业都希望自己能借助人工智能的力量，提升企业自身的综合能力，在未来市场竞争中争得一块领地。在此趋势下，各行各业对人工智能人才的需求都非常大。

不过现实的情况是，相对于人工智能行业的迫切需求，具有人工智能理论和技术的专业人才却非常缺少。根据《全球人工智能产业分布》报道，仅在 2017 年，中国新兴人工智能项目比例已经达到全球的 51%，位列全球第一，但是却只有全球 5% 左右的人工智能人才储备，人才缺口超过 500 万。不仅国内是这样的情况，国外也是如此。那么如何解决这个问题呢？

高等教育是在完成中等教育基础上进行的专业教育，是大规模培养具有创新精神和实践能力的各类高级专门人才的社会活动，应该是目前解决人工智能领域人才短缺的最有效方法。

中国之前的人工智能教育多集中在研究生教育阶段，而且分布在数学、物理、生物、计算机、自动化、集成电路等多个领域和方向，没有专门的本科教育，也没有形成系统的学科和专业。然而，自从 AlphaGo 的围棋人机大战引爆人工智能后，国家更加重视人工智能人才的培养，采取措施加强人工智能高等教育建设。

2017 年 7 月 8 日，中国政府发布《新一代人工智能发展规划》，规划中指出要建设人工智能学科。这一举措旨在将分散在各个院系的人才培养体系化，对国家在新一轮科技浪潮中走在世界前列的长期布局，将产生积极的推动和促进作用。国家对高等学校人工智能学科规划建设的具体要求如图 2-1 所示。

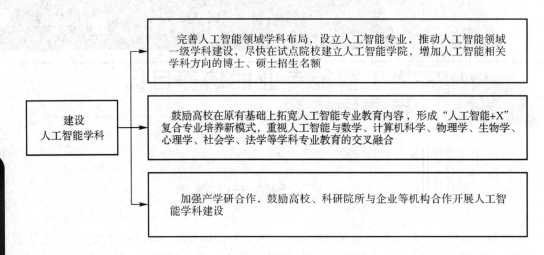

图 2-1　高等学校人工智能学科规划要求

2018 年 4 月 2 日，中国教育部印发了《高等学校人工智能创新行动计划》，部署了如图 2-2 所示三个阶段的目标，并提出了如图 2-3 所示的三类十八项重点任务，引导高等学校瞄准世界科技前沿，推进人工智能领域的学科交叉和跨学科人才培养，不断提高人工智能领域科技创新、人才培养和国际合作交流等能力，为国家新一代人工智能发展提供战略支撑。

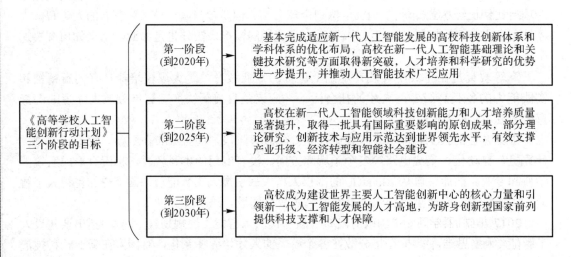

图 2-2　三个阶段的目标

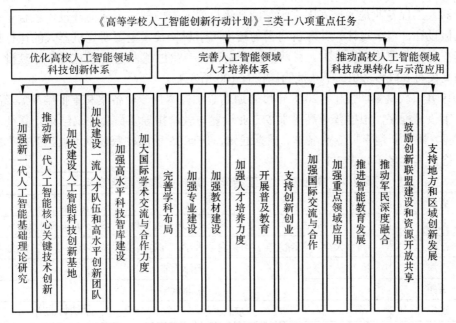

图 2-3　三类十八项重点任务

　　目前，一些高等学校已经成立人工智能学院，积极探索人工智能学科或专业建设，更多的院校则有意识地促进相关学科，加大开展人工智能研究和人才培养力度。传统研究领域也开始尝试引入人工智能方法，进行交叉学科的培养和发展，逐步形成了多学科研究、多专业应用、全方位布局的人工智能人才培养新格局。实际上，在人工智能专业获得建设批准之前，就有不少人工智能相关的专业，比如智能科学与技术、数据科学与大数据技术、机器人工程等。

　　智能科学与技术专业主要是面向智能科学前沿高新技术的基础性本科专业，专业覆盖面很广，涉及机器人技术、以新一代网络计算为基础的智能系统、微机电系统、与生产生活密切相关的各类智能技术与系统以及新一代的人机系统技术等。从 2003 年开始，北京大学、北京邮电大学、南开大学、西安电子科技大学等高校就先后设置了智能科学与技术专业，截止 2018 年，已经有 57 所高校开设了智能科学与技术专业，今年发布的《2018 年度普通高等学校本科专业备案和审批结果》中更是有将近一百所高校开设该专业。

　　数据科学与大数据技术专业简称数据科学或大数据，其核心课程有大数据算法、人工智能、大数据机器学习、数据建模、大数据平台核心技术、大数据分析与处理等，旨在培养具有大数据思维，能够运用大数据思维分析及解决问题的高层次人才。2016 年，北京大学、对外经济贸易大学、中南大学最早获得批准该学科建设，到 2018 年，获批建设院校累计达到了近 300 所，可见其发展十分迅速。

机器人工程专业是为培养国家亟需的高级机器人专门技术人才而开设，融合了智能控制、机械设计、电子设计、计算机科学与技术等学科特长，主要研究机器人的运行控制方法及其在各行业中的应用技术。目前，机器人工程专业也越来越火爆，2018 年获批建设该专业的高校有 60 所，2019 年获批的高校有 100 所左右。

2019 年，教育部印发了《2018 年度普通高等学校本科专业备案和审批结果》，经申报、公示、审核等程序，根据普通高等学校专业设置与教学指导委员会评议结果，并征求有关部门意见，确定新增审批专业名单。根据通知，共有 35 所高校获首批"人工智能"新专业建设资格，具体名单如表 2-1 所示。

表 2-1　首批获"人工智能"新专业建设资格高校

省份	获 批 高 校
北京	北京科技大学、北京交通大学、北京航空航天大学、北京理工大学
江苏	南京大学、东南大学、南京农业大学、江苏科技大学、南京信息工程大学
天津	天津大学
山西	中北大学
辽宁	东北大学、大连理工大学
黑龙江	哈尔滨工业大学
吉林	吉林大学、长春师范大学
上海	上海交通大学、同济大学
浙江	浙江大学
福建	厦门大学
山东	山东大学
湖北	武汉理工大学
四川	四川大学、电子科技大学、西南交通大学
重庆	重庆大学
陕西	西安交通大学、西安电子科技大学、西北工业大学
甘肃	兰州大学
安徽	安徽工程大学
江西	江西理工大学
河南	中原工学院
湖南	湖南工程学院
广东	华南师范大学

人工智能技术发展替代了许多人类重复性劳动，同时还细化生产过程分工，创造了大

量新兴就业。因此，教育应积极拥抱人工智能等新兴技术，适应未来，培养多层次的智能化技术人才，以补智能化人才短板。

2.2　人工智能专业的培养目标

人工智能教育的培养目标与其他专业一样，可以分为综合培养和专业培养两个目标。其中，综合培养目标的具体内容如图 2-4 所示。

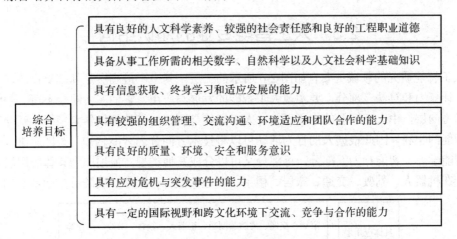

图 2-4　综合培养目标

人工智能专业培养目标是指学生毕业时在人工智能专业方面应该得到的知识和能力，人工智能专业本科和研究生阶段培养目标如图 2-5 所示。

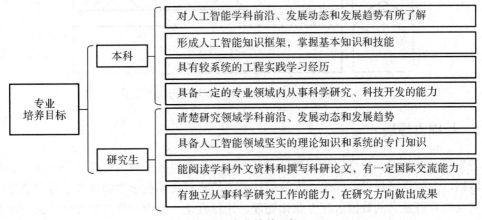

图 2-5　专业培养目标

具体来说，人工智能学士学位授予时要达到"较好地掌握人工智能学科的基础理论、专门知识和基本技能，具有从事人工智能科学研究工作或担负人工智能技术工作的初步能力"。人工智能硕士研究生与博士研究生培养目标的区别在于，硕士学位要求"在人工智能学科上掌握坚实的基础理论和系统的人工智能知识，具有从事人工智能科学研究工作或独立担负人工智能技术工作的能力"，而博士学位要求"在人工智能学科上掌握坚实宽广的基础理论和系统深入的人工智能知识，具有独立从事科学研究工作的能力，在人工智能科学或专门技术上做出创造性的成果"。

2.3　人工智能专业的知识结构

人工智能研究的领域主要有如图 2-6 所示的三层。其中，最底层是基础支撑层，包含大数据、计算力和算法三部分，要实现人工智能的发展与应用，它们三者缺一不可。中间一层为技术方向层，由人工智能的定义可知，人工智能是研究如何使用机器来模拟、延伸和扩展人类智能的学科，因此根据人的行为活动可以将技术方向分为智能感知、智能思维、智能计算、智能学习、智能行为五部分，每部分又可以分成其他类型。最顶层为具体应用层，如人工智能在机器人、驾驶、交通、家居、楼宇、制造、教育、医疗、安防等方面的应用。

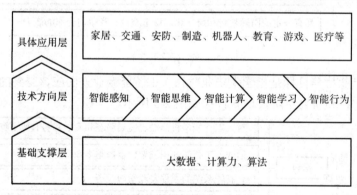

图 2-6　人工智能的研究领域及分层

2.3.1　基础支撑层

随着移动互联网、社交媒体、移动设备、监控检测设备的持续工作，当今社会积累了大量数据，大数据时代已经到来。大数据技术的战略意义不在于掌握庞大的数据信息，而在于对这些含有意义的数据进行专业化处理。计算机是一个进行信息处理和信息转换的基本系统，对数据有着很强的依赖性。而人工智能作为计算机的"升级版"，它的发展与应用

36

更是需要庞大的数据来支撑。人工智能中很多算法都需要大量数据作为样本，如图像、视频、语音的识别，都需要大量样本数据进行训练并不断优化。

计算力是计算机计算 Hash 函数时输出的速度，可以简单地理解为计算能力。人工智能的发展和应用有了大量的数据，但如果计算力太低，不能及时处理这些数据，那也是万万不行的。人工智能对计算力的要求很高，特别是深度学习是非常消耗计算资源的。所以，之前在研究人工智能时，经常会受到单机计算力的限制，并行处理器提升计算力的方法也有很大的局限性。云计算和图形处理器的出现极大地改善了这种情况，此次人工智能发展浪潮的掀起也有它们的不少功劳。

算法，通俗讲就是解决问题的计算方法，能够在给定一定规范输入的情况下，在有限时间内获得所要求的输出。近年来，新算法的不断涌现有力地提升了机器学习的能力，尤其是随着深度学习理论的成熟，很多企业采用云服务或开源方式向行业提供先进技术，将先进算法封装于易用的产品中，大大推动了人工智能技术的发展。目前，市场上有很多厂家都在搭建通用的人工智能机器学习和深度学习计算底层平台，如 Google 的 TensorFlow、百度的 AI 开放平台等。

如果将人工智能比作一台机器，那么大数据就是这台机器运转的能源，计算力就是机器运转的发动机，而算法是机器运转的控制器，三者缺一不可，是人工智能发展应用的保障，共同构成了人工智能知识结构的基础支撑层。

2.3.2　智能感知

智能感知旨在让计算机具有类似于人的感知能力，如视觉、听觉、触觉、嗅觉、味觉等，是机器获取外界信息的主要途径，相当于智能系统的输入部分。智能感知的研究领域有计算机视觉、模式识别、自然语言处理等。

计算机视觉，又叫机器视觉，就是用计算机来实现模拟人类视觉的功能，其主要研究目标是使计算机具有从图像中识别物体、场景和活动的能力。在人类感知到的外界信息中，有 80%以上是通过视觉得到的。视觉感知不仅仅指对光信号的感受，它包括了对视觉信息的获取、传输、处理、存储与理解的全过程。计算机视觉技术一般通过视觉机器将被摄目标转换为图像信号，经过图像处理系统的专业分析得到被摄目标的形态信息，按照需求进行各种运算，提取目标的特征值以便进行后续任务。计算机视觉的应用非常广泛，如：在安防及监控领域用于指认嫌疑人；医疗影像分析用于提高对疾病的预测、诊断和治疗；工厂车间用于自动化控制等。

模式识别是指让计算机能够对给定的事务进行鉴别，并把它归入与其相同或相似的模式中。被鉴别的事物可以是物理的、化学的、生理的，也可以是文字、图像、声音等。模式识别时，首先要采集待识别事物的信息，然后对其进行各种变换和预处理，从中抽出有意义的特征或基元，接着与机器中原有的各种标准模式进行比较，对事物进行分类识别，最后输出识别结果。

自然语言处理研究的是如何使用自然语言实现人与机器之间的有效通信，对智能人机接口和不确定人工智能的研究都有着重大意义，是人工智能技术发展的一大难点。自然语言就是人与人交流用的语言，包括各个国家的语言、各个地区的方言等，是相对于汇编语言、C语言等计算机可以理解的人造语言来说的。自然语言处理包括自然语言理解和自然语言生成两个部分，机器要做到自然语言处理，需要会分析语音、词法、句法、语义、语境等。目前，市场上已经出现了一些针对特定领域具有一定自然语言处理能力的系统，例如手机中的语音助手和各种翻译软件。但是，通用高质量的自然语言处理系统还有待进一步实现。

2.3.3　智能思维

智能思维就是让计算机模仿和实现人的思维能力，从而能够对感知到的外界信息和自己产生的内部信息进行思维性加工。在研究方面具体包括搜索、推理等方面的研究。

搜索是指为了达到某一目标，不断寻找推理线路，以引导和控制推理，使问题得以解决的过程。人工智能中的搜索策略大体有盲目搜索和启发式搜索两种。在应用盲目搜索求解问题的时候，一般是盲目地穷举。盲目搜索包括宽度优先搜索、深度优先搜索和等代价搜索等。而启发式搜索会用启发函数来衡量哪一个状态更加接近目标状态，并优先对该状态进行搜索。

推理是指按照某种策略从已知事实出发，利用现有知识推出所需结论的过程，其理论基础为逻辑。推理根据其所用知识的确定性可分为确定性推理和不确定性推理。确定性推理应用确定性知识进行精确推理，是一种单调性推理，能解决的问题很有限，典型的推理方法有消解反演推理、消解演绎推理、规则演绎推理等。不确定性推理所使用的知识和推出的结论不可以精确表示，主要基于非经典逻辑和概率数据。最常用的不确定性推理技术有贝叶斯推理、概率推理、可信度方法和证据理论等。

2.3.4　智能计算

智能计算也就是计算智能，是在对生物体智能机理深刻认识的基础上，采用数值计算的方法去模拟和实现人类的智能。智能计算基本领域包括神经计算、模糊计算、进化计算、群智能计算等。

神经计算也就是神经网络计算，它是通过大量人工神经元的广泛并行互联形成一种人工网络系统，用于模拟生物神经系统的结构和功能。主要研究人工神经元的结构和模型、人工神经网络的互联结构和系统模型、基于神经网络的联结学习机制等。神经网络具有自学习、自组织、自适应、联想、模糊推理等能力，在模仿生物神经计算方面有一定优势。

模糊计算又称为模糊系统，学术上把那些因没有严格边界划分而无法精确刻画的现象称为模糊现象。通过研究人类处理模糊现象的认知能力，用模糊集合和模糊逻辑去模拟人类的智能行为，就是模糊计算。模糊计算已经在推理、控制、决策等方面得到了非常广泛的应用，常见的模糊算法有均值模糊、高斯模糊等。

进化计算是一种模拟自然界生物进化的过程与机制。它以 Darwin 进化论的"物竞天择，适者生存"作为算法的进化规则，并结合 Mendel 的遗传变异理论，将生物进化过程中的繁殖、变异、竞争和选择引入到了算法中，是一种对生物群体进化机制的模拟。具有遗传算法、进化策略、进化编程和遗传编程四大分支。

群智能计算理论的基础是认为群中个体交互作用，使用比单一个体更有效的方法去达到全局目标，也就是"合作共赢"，也符合人类社会的规律。最具代表性的群智能计算是粒子群优化算法和蚁群算法。粒子群优化算法是一种基于群体搜索的算法，建立在模拟鸟群社会的基础上。蚁群算法是通过研究蚂蚁寻找食物路径的自然行为提出的，能很好解决分配、调度等问题。

2.3.5 智能学习

智能学习就是让机器模拟或实现人类的学习行为，自动获取新的知识或技能，并在实践中重新组织已有的知识结构使之不断完善自我、增强能力。智能学习是人工智能的一大核心，是机器获取知识的根本途径，同时也是机器具有智能的重要标志。

智能学习的分类方法有很多。基于学习策略可以分为机械学习、示教学习、演绎学习、类比学习、归纳学习。基于所获取知识的表示形式可以分为代数表达式参数、决策树、形式文法、产生式规则、形式逻辑表达式、图和网络、框架和模式、计算机程序和其他的过程编码、神经网络、多种表示形式的组合。基于应用领域可以分为专家系统、认知模拟、规划和问题求解、数据挖掘、网络信息服务、图像识别、故障诊断、自然语言理解、机器人和博弈等领域。基于学习形式可以分为监督学习、非监督学习、半监督学习。因此，智能学习本身又是一门多领域的交叉学科，涵盖的内容丰富，具体分类方法多，而且不统一。

机器可以通过记忆、示教、演绎、类比、归纳进行学习。通过记忆学习也就是机械学习，是最简单的学习策略，不需要任何推理过程。示教学习比记忆学习略微复杂，输入知识与内部知识的表达方式不完全一致，系统在接受外部知识时需要推理、翻译和转化。演绎学习是以演绎推理为基础，在领域知识的指导下，通过分析单个问题的求解，构造出求解过程的因果解释结构，并对该解释结构进行概括化处理，得到一个可用来求解类似问题的一般性知识。类比学习是寻找当前任务与已完成任务之间的相似之处，通过已完成任务的解决方法制定完成当前任务的方案。归纳学习是以归纳推理为基础，是机器学习中研究较多的一种学习类型，其任务是要从关于某个概念的一系列已知的正例和反例中，归纳出一个一般性的概念描述。

人工神经网络是一种运算模型，是人类在认识和了解生物神经网络的基础上，对大脑组织结构和运行机制进行抽象、简化和模拟的结果。其实质是根据某种算法或模型，将大量的神经元处理单元，按照一定规则互相连接而形成的一种具有高容错性、智能化、自学习和并行分布特点的复杂人工网络结构，能实现系统控制、最优计算、信息处理和联想记忆等功能。人工神经网络类型有很多，具体有感知器、BP 神经网络、Hopfield 神经网络、深度卷积神经网络、生成式对抗网络等。

深度学习是近年来新出现的一种机器学习方法，其概念来源于人工神经网络的发展。在对人脑进一步认识的基础上，将神经中枢的工作原理设计成一个不断迭代、不断抽象的过程，进而得到最优数据特征表示。深度学习是一个"黑盒"，学习样本数据的内在规律和表示层次，自动提取特征进行分析，就能实现具体任务。它在语音和图像识别方面的能力远远超过先前的相关技术。

人工智能、机器学习和深度学习之间的关系如图 2-7 所示。

图 2-7　人工智能、机器学习、深度学习之间的关系

2.3.6　智能行为

智能行为是让计算机能够具有像人那样的行动和表达能力，如走、跑、拿、说、写、画等，相当于智能系统的输出部分。这里主要讨论智能控制、智能检索、智能体等。

智能控制是指驱动智能机器自主实现目标的过程，即无需人直接干预就能独立地驱动智能机器实现其目标的自动控制，它是人工智能技术与传统自动控制技术相结合的产物。从结构上，它由传感器、信息处理模块、认知模块、规划和控制模块、执行器和通信接口等主要部件所组成。主要应用于智能机器人系统、智能制造系统、交通运输系统等。

智能检索是指利用人工智能的方法从大量信息中尽快找到所需要的信息或知识。在这信息爆炸的时代，利用传统的人工方法检索想要的信息，其难度不亚于大海捞针。这时智能检索就能大显神通，只要输入所需信息的关键字，计算机就会输出大量的相关信息。当然，要想达到智能检索，系统必须具有一定的自然语言理解能力、推理能力以及广泛的知识储备。

智能体是一种通过传感器感知环境，将感知的信息在内部综合处理后，借助执行器作用于该环境的实体，可以定义为一种从感知到动作的映射。智能体是一个高度开放的智能系统，其结构需要按照实际的求解问题来进行设计，而人工智能的任务就是设计智能体的内部程序，也就是从感知到动作的映射。根据人类思维的层次可以将智能体分为反应式智能体、慎思式智能体、跟踪式智能体、基于目标的智能体、基于效果的智能体和复合式智能体。

2.4 人工智能专业的课程体系

本科人工智能专业的课程体系由通识教育、专业基础、专业核心、专业拓展和集中实践五大部分构成。

1. 通识教育课程

专业通识教育与人工智能专业化教育相对，是在全校范围内开设的课程，使学生可以接触到不同学科的知识，学会融会贯通，获得通行于不同人群之间的知识和价值观。通识教育涉及人文社会科学、经济与管理、环境科学、生命科学等很多学科，分为必修部分和选修部分，具体内容如图 2-8 所示。

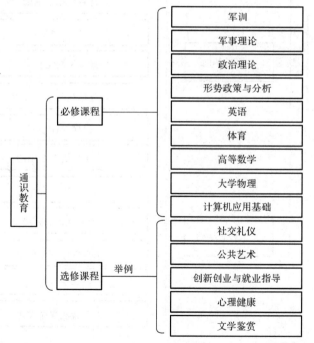

图 2-8 通识教育课程

2. 专业基础课程

人工智能专业基础课程包括工程数学基础课程、计算机基础课程、人工智能基础课程，其中人工智能基础部分包含基础支撑层的内容，还有一定的控制论内容。人工智能专业基础课程主要集中在本科低年级阶段，旨在为后续深入人工智能的学习打下坚实的基础，建立人工智能领域的整体框架，具体的课程设置如图 2-9 所示。

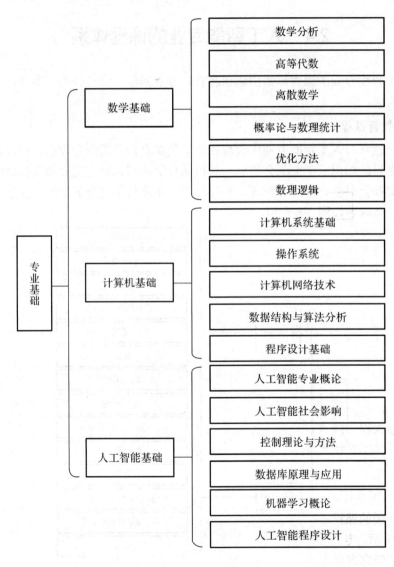

图 2-9　专业基础课程

图 2-9 的课程中，因"数学分析"与"高等数学"课程有较多重复内容，可以将其设置为选修课程或者是取消这门课程；计算机基础课程中，"操作系统"和"计算机网络"可以设置为二选一课程，或者将两者结合成一门课程进行讲解。其余课程均为必修。

3. 专业核心课程

人工智能专业核心课程为中高年级学生指明更加具体的方向，并进行必要的训练。这部分课程的主要内容对应于知识结构中的技术方向层，具体课程如图 2-10 所示。

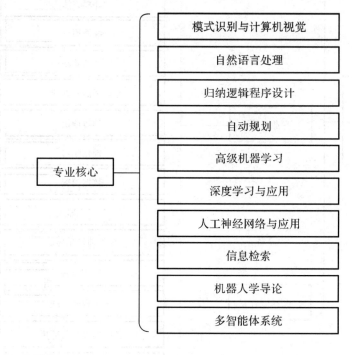

图 2-10　专业核心课程

专业核心课程一般都是必修课程。同时，作为核心课程，在授课过程中，不仅要讲授课本知识，还要注重联系实际应用，部分课程要设置"课程设计""课程实践"环节，增强学生的实际动手能力。

4. 专业拓展课程

专业拓展类的课程有很多，主要涉及数学拓展类、专业拓展类、交叉融合类，具体课程如图 2-11 所示。专业拓展这部分的课程一般都是选修，学生可根据自己的兴趣爱好进行选择，也可按研究方向或课程模块进行选择。

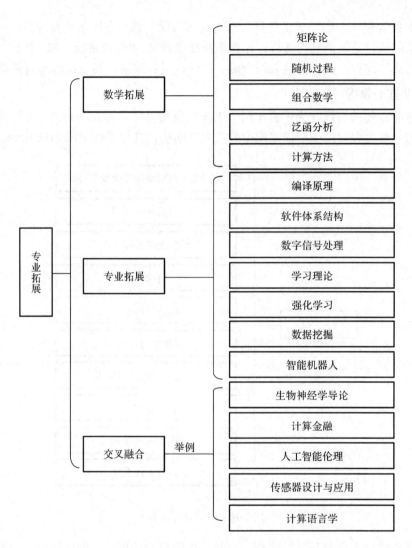

图 2-11　专业拓展课程

5. 集中实践环节

除上述课程之外，一般还设置有各种实践环节，具体内容如图 2-12 所示。学生通过实践不仅可以把所学知识融会贯通，而且可以提高动手能力，培养创新意识、创新能力和团队协作精神。人工智能是一门"产、学、研"紧密结合的课程，学校除了在课堂进行理论教学，还可以在实践环节加强与科研院所、企业等机构的合作，使学生将所学的知识与实际生产创造过程结合，对科技成果的转化也有一定推动作用。

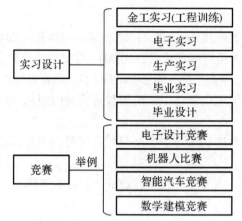

图 2-12 集中实践环节

相对于人工智能产业的高速发展，人工智能人才培养仍具有滞后性，存在显著的不足。一方面，多数高校还不具备进行大规模人工智能人才培养的能力，从事人工智能研究工作的教师群体总体偏小，在培养计划、教材建设、师资配备、实践条件、科研平台建设等方面尚有不足。另一方面，没有形成成熟的与人工智能创新相匹配的人才培养理念和模式。当前阶段人工智能人才培养仍然处于"快出人才"阶段，如何"出好人才"还需要相关领域的教育研究者对高校人工智能人才培养的目标、知识结构、课程体系进行深入研究和探索。

习 题

1. 简述中国政府对人工智能专业的发展政策。
2. 人工智能专业本科人才的培养目标是什么？
3. 给出人工智能的知识结构框架图。
4. 机器学习有哪些分类？
5. 人工智能、机器学习、深度学习之间的关系是什么？
6. 机器计算有哪些方法，请进行简单介绍。
7. 简述人工智能的课程体系包括什么？
8. 谈谈通识教育课程学习的意义有哪些？

参 考 文 献

[1] 南京大学人工智能学院. 南京大学人工智能本科专业教育培养体系[M]. 北京：机械工

业出版社，2019.

[2]　蔡自兴. 人工智能及其应用[M]. 北京：清华大学出版社，2016.

[3]　文常保，茹锋. 人工神经网络理论及应用[M]. 西安：西安电子科技大学出版社，2019.

[4]　周全. 关于高校人工智能人才培养的思考与探索[J]. 教育教学论坛，2019，(16)：131-132.

[5]　刘进，吕文晶. 人工智能创新与中国高等教育应对(上)[J]. 高等工程教育研究，2019，
(01)：52-61.

[6]　刘进，吕文晶. 人工智能创新与中国高等教育应对(下)[J]. 高等工程教育研究，2019，
(02)：62-72.

[7]　吕伟，钟臻怡，张伟. 人工智能技术综述[J]. 上海电气技术，2018，11(01)：62-64.

人工智能概论

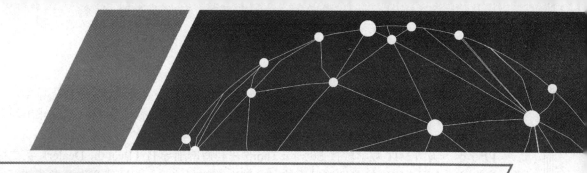

第3章 智能穿戴

3.1 概 述

如果你是一个科幻电影的影迷，一定会被影片中随处可见的高科技产品所吸引。无论是《星际穿越》还是《火星救援》，又或者是大家熟知的《三体》，各式各样的高科技穿戴产品，让我们对未来的生活充满了憧憬。

在火爆全球的007系列电影中，具有高科技的手表完美地映衬出007的独特气质。《007大破天幕危机》中的James Bond就是靠着可潜水的高科技手表一次又一次地查明了真相。在当时，这款手表集中了人们对未来手表的幻想，有录制高清视频、拍摄高清图片、视频会议、防水、大容量储存等功能。《少数派报告》中，Tom Cruise佩戴的体感手套可将任何平面变成可用的触摸屏，用手指进行凌空操作的镜头令人印象深刻。《碟中谍4》中可以显示多维图层、对现实进行标注分析，同时还可以拍照、面部扫描识别的隐形眼镜也令人称奇。《钢铁侠》中在鞋底装着的强大的喷气机，能够帮助钢铁侠在天空中自由翱翔，还有那装甲背后近乎无敌的体感操作及全息投影技术。《全面回忆》展现的可嵌入手掌皮下的移动电话、记忆的植入、梦境的读取等。然而，电影中的那些曾经令人眼花缭乱、不可思议的穿戴技术和设备，在今天现实中都已经诞生，甚至在你我的身上就可以看到。

智能穿戴是智能穿戴设备(Smart Wearable Device，SWD)的简称，是指应用人工智能技术对穿戴物品进行智能化设计、升级，并开发出来的一类可穿戴设备的总称。人们可以通过这些智能穿戴设备进行数据的大规模交互，实现对人类身体的延伸，更好地感知外部与自身的信息，实现对周边、事物或者自我状态清晰地了解，从而更为高效准确地处理和利用信息。

根据与人体接触程度不同，智能穿戴设备可分为人体体表外佩戴式与体内植入式两种。体表外佩戴式可穿戴设备主要有智能手环、智能手表、智能眼镜、智能鞋子、智能耳机、智能服装等。体内植入式可穿戴设备主要有智能药丸、纳米细胞、电子纹身、智能避孕及其他多种与医学相关的微纳型智能设备。这里主要介绍一些体表外佩戴式可穿戴装备。

如果仔细研究智能穿戴的发展史，会惊奇地发现：最早的智能穿戴设备竟然出现在赌场！

1955 年，美国 MIT 数学教授 Edward Thorp 在其赌博辅导书《Beat the Dealer》第二版中，提出了一个用于提高轮盘赌制胜率的可穿戴电脑的想法，并与同伴合作开发了该可穿戴电脑设备。随后，他成功地使用自己制作的可穿戴电脑在轮盘赌局中作弊，使得轮盘赌制的胜率提高了 44%。在 Edward Thorp 开发的可穿戴设备的影响下，人们纷纷效仿其成功之路。其中，1972 年 Keith Taft 发明了一款用脚指头操作的可穿戴计算机 George，用于二十一点的赌博。可笑的是，George 不仅没有让他赢回开发费用，还让他输了一大笔钱。

20 世纪 70 到 90 年代，随着集成电路技术的快速发展，设备小型化成为可能，对可穿戴设备的研究也逐渐活跃起来，并取得了长足的发展，进入了一个蜕变的时期。1975 年，世界上第一款腕式计算器 Pulsar 诞生，并很快成为人们喜闻乐见的产品。据说，Gerald Rudolph Ford 总统还对其限量版的 Pulsar 产生了很大兴趣，可见当时智能穿戴设备的影响力。

1977 年，Collins 开发了一款可穿戴设备，使用头戴式摄像头来读取图像，并将图片上的信息转换成背心上的触觉网格，盲人依靠这些网格来了解信息，极大地方便了盲人与外界的交流。1979 年，Sony 公司推出了 Walkman 卡带式随身听 TPS-L2，它的诞生完全是出于方便考虑，创始人之一的 Ibuka Masaru 有随身携带磁带机的习惯，但是由于磁带机当时体积比较大，坐飞机时非常难以携带。于是，Sony 就以 TCM-600 为基础，研发出了如图 3-1 所示 TPS-L2。

图 3-1　Sony 的 TPS-L2

1981 年，一个名叫 Steve Mann 的高中生将一台 6502 计算机安装到了带钢架的背包上，来控制摄影装备，并将取得的影像显示在连接到头盔上的相机取景器。这台背包式电脑就具备了文本、图像、摄影和头盔显示器的功能。后来，他一直用可穿戴式计算机来帮助提高自己的视力，并在自己右眼安装了一个可连入计算机互联网的显示屏，可称得上是世界上第一台可穿戴眼镜。此后，他还相继发明了智能手表可视电话、高动态范围成像技术、EyeTap 数字眼镜等广为人知的技术和设备。

1984 年，Casio 公司开发了图 3-2 所示的 Databank CD-40，应该是全球最早能够存储信息的数字手表。1989 年，Megellan 公司推出了消费级手持 GPS 设备，与此同时，Reflection Technology 开发了 Private Eye 头戴式显示屏。1990 年，Olivet TI 开发了一款可以将用户的 ID 发送到办公楼上的红外接收器，从而追踪用户所在位置的胸章。

图 3-2　Casio 的 Databank CD-40

　　1993 年，Columbia University 研究人员开发了一款包含了一台 Private Eye 头戴式显示屏的 KARMA 增强现实系统。1994 年，Steve Mann 制作出了一款可穿戴无线摄像头，并将拍下的图片上传到网络之中，后来人们称他为第一个"lifeblogger"。1998 年，Trekker 受 Steve Mann 研究启示，开发出专门用来记录生活的可穿戴无线摄像头，并成功进行了商用。1997 年，美国 MIT、CMU、GT 联合举办第一届国际可穿戴计算机学术会议，可穿戴计算机和可穿戴设备开始在学界和业界受到重视，并逐渐应用于工业、医疗、教育、军事、娱乐等领域。

　　进入 21 世纪后，可穿戴技术飞速发展，应用领域不断扩大，逐渐走进了普通民众的生活。2000 年，世界上第一款蓝牙耳机问世。2001 年，Apple 推出了划时代的 iPod 设备和 iTunes 服务，风靡数年的 Walkman 逐渐被更便携的数字音乐播放器 iPod 所替代。2002 年，Xybernaut 公司的可穿戴计算机 Poma 问世。2003 年，世界首款数字化起搏器 C-Series 出现在医疗领域，借助该设备，医生能够在 18 秒内下载好病人信息，在很短的时间内了解病情并拯救病人。2006 年，Nike 公司和 Apple 公司联合推出如图 3-3 所示的 Nike+iPod，能够将自己的运动信息同步到 iPod 中。此外，Nike 还专门推出了带有 iPod 专用口袋的运动衣。

图 3-3　Nike+iPod

2007 年，James Park 和 Eric Frienman 两人合作创立了 Fitbit 公司，并于 2009 年推出了自己的首款产品——Fitbit Tracker，如图 3-4 所示。它可以夹在衣服上，可以同步跟踪用户的行走距离、步数、热量消耗、运动强度和睡眠状态。2010 年，Brother 公司推出 AIRScounter 头戴式显示器，可以将大约 14 寸大小的屏幕投放到前方一米左右的地方。同年，Eurotech Group 开发了一款固定在手腕上的小型触屏电脑 Zypad。2011 年，Jawbone 推出一款健身腕带，可以跟踪睡眠、饮食、运动等信息，并可与智能手机应用软件相连接。

图 3-4　Fitbit Tracker 记录器

2012 年，Google 公司发布了一款极具科技感的眼镜——Google Project Glass，可以通过语音来控制拍照、视频通话、上网、文字处理和邮件发送。2013 年，Samsung 发布了 Galaxy Gear 智能手表，可通过蓝牙与手机相连。同年，百度公司也推出了穿戴设备——咕咚手环，不仅能够在运动时进行提醒，还可以记录睡眠状况，在需要时候还具有唤醒功能。日本汽车厂商还发布了 Nismo 智能手表，可为驾驶员提供时速、油耗、驾驶员身体状态等信息。小米公司推出小米智能帆布鞋，与小米手机相连，能够精准测量用户跑动信息。小米手环也以超低的价格杀入市场，销量超 100 万。2014 年 9 月，Apple 发布了采用人造蓝宝石水晶屏幕与 Force Touch 触摸技术的智能手表 Apple Watch，支持电话、语音、短信、连接汽车、天气、航班信息、地图导航、播放音乐、测量心跳、计步等几十种功能，是一款全方位的健康和运动追踪设备，如图 3-5 所示。

图 3-5　Apple 手表

2016 年，春夏 New York 时装周上，Intel 公司与运动服饰设计师 Chromat 联合推出两款"响应式服装"，搭载了 Intel 的硬件平台 Curie，硬件平台只有纽扣大小，利用上面的传感器来搜集人体体温、心跳等体征信号。最神奇的是可以用衣服中集成的形状记忆合金来使衣服变形，受到了极大的关注。2016 年 11 月，Samsung 公司研发出一款与手机应用程序配合使用的智能腰带，可以追踪用户腰围、步数和饮食，还具备智能提醒功能，当你吃多了它会提醒你，搭载的计步器还会记录你的坐立时间，如果坐久了同样会提醒你要起来走一走了。

2018 年，Rokid Glass AR 眼镜发布，采用了单片镜 AR 光学技术、惯性传感器、骨传导和麦克风阵列音频等技术，还支持人脸识别和物体识别功能。2018 年 6 月，Kickstarter 上推出了一款叫做 Xenxo S-Ring 的智能戒指，如图 3-6 所示。这款戒指有着时尚的外形，简单的操作，伸出手指头就能进行买单和通话，还具有防丢提醒、闹钟、报警、记录运动信息等功能，完美解决了许多当下智能穿戴设备存在的缺陷，被称作"最智能的智能戒指"。美国的创业公司还设计了一款智能耳环 Peripherii，不仅外观时尚，而且通过蓝牙可与智能手机相连。Siri 和 Google Assistant 语音助手模块隐藏耳环内，不仅可以用来打电话，还可以进行叫车、设置闹钟、发语音等。

图 3-6　Xenxo S-Ring 智能戒指

目前，智能穿戴设备主要有智能手环、智能手表、智能眼镜、智能耳机、智能戒指、智能项链和智能鞋等智能服装，以及用于医学领域的穿戴式血压计、穿戴式血糖仪、穿戴式心脏监护仪、智能药丸、纳米细胞、电子纹身、智能避孕等微纳型智能设备。图 3-7 是常见的一些智能穿戴设备。人工智能时代，智能穿戴正探索着人与科技最亲密的交互方式，为每一个使用者提供私人定制的服务。它已经不仅仅是一种或几种硬件设备，通过软件、数据、云端之间的交互，能实现更为强大的功能，将为人们的生活带来巨大的改变。

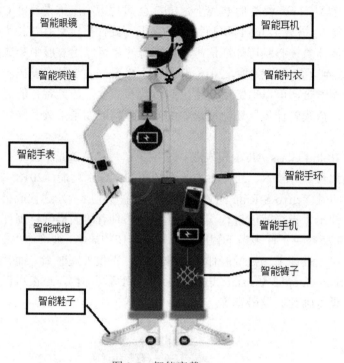

图 3-7　智能穿戴

3.2　典型智能穿戴设备

3.2.1　智能手表

　　大约在 17 世纪左右，怀表作为一种身份的象征，绅士们争相佩戴，但没过多久就被腕表所取代。最早的转变是在军事上，士兵作战时拿着枪、骑着马，想看时间就得将手伸进口袋，再掏出怀表，这时说不定就被打得透心凉了。因此，就有人将怀表加上皮革表带戴在手腕上，对于军士来说，用手腕上的怀表看时间就方便多了。这些士兵们在退役后仍保留这种佩戴习惯，并引起了人们的关注，后来大家竞相效仿，腕表就逐渐流行起来。

　　发展到今天，手表被赋予了新的定义，智能手表不仅能告诉你具体时间，还能直接显示今天所发生的新闻、重要通知等信息，跟随记录你的晨跑，并支付你的早餐。智能手表已经成为一个时尚配件、高级运动跟踪器、实时电话、信息接收器，并且随着大量传感器和 App 的加入，智能手表在许多方面更是超越了传统的手表。

另外，智能手表作为手机的延伸配件，除了收发电子邮件、浏览网页、管理待办事务、做笔记、拍照、玩游戏、播放音乐和视频等，还有许多潜在功能和用途。手表接触身体表层，在许多方面，它还是终极的医疗传感器，能够提供个性化的健康监测，收集人身体相关数据，针对相关病症、人体反应来制定医疗方案。近来，美国 Colorado 大学研究人员就研发出了智能手表在心脏检测、糖尿病管理、语言障碍矫正、抽搐发作检测、身姿辅助等方面的应用。下面来介绍一下当前市场上比较受关注的 Apple 手表、Samsung Galaxy 手表及华为手表。

Apple 手表可谓是当前智能手表市场上最炙手可热的产品了，现如今 Apple 手表加入了网络制式功能，拨打电话、收发信息等功能都可以独立完成，成功脱离手机成为一款独立的产品。Apple 手表自带的实时提醒、行车规划、航班信息、图库等，佩戴者无需拿出手机就可以快速查看信息。最让人激动地是 Apple 手表的心电图功能，内置心率算法和学习功能，可以更加准确地了解佩戴者在运动中的状况。Apple 手表还加入了智能活动训练，佩戴者可以设计自己的训练程序，值得一提的是，Apple 手表还支持游泳或其他水上运动时佩戴。

Samsung Galaxy 手表也不多承让，如图 3-8 所示。从之前的 Gear 到现在的 Galaxy，背后是技术的全面升级。与 Apple 手表相同，都具有网络制式功能，搭载了自家的 Tizen 系统，有了较大的运行内存和内部存储。手机靠近，手表就会自动弹出新设备识别，做到无缝连接。

图 3-8　Samsung Galaxy 手表　　　　图 3-9　华为手表

华为手表作为国内智能手表的典范，拥有世界上最好的显示屏，如图 3-9 所示。亮屏时，拥有视网膜级别的即视感，超高的分辨率；息屏时，炫酷冷峻的外表、深邃的颜色，外加闪亮的耐磨陶瓷表圈，让人难以忘怀。计步、心率、测速、睡眠跟踪、GPS、卡路里消耗、防水、App 等功能齐全。若是在功能全开的高负荷下，续航能达到两天，只使用手表功能的话，续航可达 20 多天之久。支持网络制式功能，采用 eSIM 技术，无需实体卡，手机和手表共享一个号码，即使不带手机也不会错过重要来电。另外，还具有多种锻炼模式，可以用内置 GPS 配合运动算法制订训练计划，相当于请了一个免费的私人教练。

3.2.2　智能手环

智能手环是一种功能相对于智能手表来说较为简单、续航时间长、价格便宜的智能穿戴设备。不像智能手表拥有那么多的功能，智能手环是利用其内在感应芯片对人体生理机能信息进行采集。可以记录在健身、行走、睡眠和饮食等生活中的数据，并与手机 App 相同步。近来一些智能手环还加入了智能语音功能，站在垃圾桶边，再也不用面对垃圾分类时的灵魂拷问：这是什么垃圾？你可以直接唤醒你手环中的智能语音，它会很清楚地告知你想要的答案。

智能手环小巧精美的设计风格，对于喜欢佩戴首饰的用户来说，简直是一种百搭产品。别看它个头不大，其内部集成的功能可是不容小觑，它可以像普通计步器一般记步，测量运动距离、卡路里、脂肪，还可以进行睡眠监测、数据传输、疲劳报警。如果在睡觉之前将智能手环设置成为睡眠模式，在第二天智能唤醒后，打开同步的 App 软件，便可以看到自己的睡眠时间、清醒时间、深睡、浅睡、整体的睡眠质量。对于处于减肥期的人来说，智能手环是最亲密的私人教练，可以记录每天的运动里程、消耗的卡路里和摄入能量多少。还可以规划一天的运动目标，显示和提醒目标的完成率，对于不能持之以恒的人来说是一大福音。

智能手环应用于医疗上，可以实时监测体温、心率、血压、血糖等，减轻护士的工作量。自带的定位系统能够防止婴儿被盗、老年患者走失，方便医院的管理，提升工作效率。

3.2.3　智能手机

智能手机是一种具有独立的操作系统，独立的运行空间，可以由用户自行安装软件、游戏、导航等第三方服务商提供的程序，并可以通过移动通信网络来实现无线网络接入的手机类型的总称。智能手机的拓扑原型最早是由 Apple 公司 CEO Steve Jobs 在 2007 年提出。它的出现无疑给人们的生活带来了翻天覆地的变化，让许多以前无法想象的事情变为了现实。有人统计过，智能手机已经具有传统电话、发报机、照相机、录像机、手电筒、录音机、收音机、手表、秒表、计数器、MP3/MP4、录音笔、计算机、电视、地图、导航、罗盘、遥控器等近 100 余种电器设备的功能。如果像以前使用独立功能设备那样，完成这些综合功能，所有设备加在一起的总重量将达到 1 吨以上，其体积和操作复杂程度简直不可想象！

智能手机可能是普通民众距离人工智能最近的穿戴设备了，现在智能手机甚至有取代

PC 的趋势。通过智能手机，能够做的事情越来越多。无论何时何地，想起谁，只要轻轻拨通电话，一切都将迎刃而解，再无"我住长江头，君住长江尾，日夜思君不见君，共饮长江水"之困惑。另外，购物、订票、订旅馆、学习课程、预约出租车、预约挂号、出行导航、实时支付、看护父母和孩子等，现在尽可"一机在手，万事无忧"。智能手机已经成为人们时下生活不可缺少的一部分，似乎只有想不到的，没有手机做不到的了。

那么手机到底是怎样与人工智能相结合的呢？

硬件方面，为进一步加强人工智能的处理能力，许多手机厂商都加入了专用人工智能芯片。如华为公司的麒麟 980 配备了神经处理单元，可在本地进行人工智能运算。Apple 公司的 A12 仿生芯片也配备了神经网络引擎，负责面部识别和其他人工智能运算。人工智能芯片的出现，使得运算不必先上传到云端，而是在本地就能够进行相关运算，用户的隐私得到了极大地保护，处理能力得到了极大地提升。神经网络芯片能够进一步提升人脸识别、物体识别、图像分割、智能翻译等工作效果。

软件方面，人工智能的语音助手已经出现了一段时间，包括小爱同学、Google Assistant、Siri 和亚马逊 Alexa 在内的智能语音助手能够比较准确地理解我们发出的命令。在机器学习的帮助下，智能语音助手不仅能够做到理解上下文及语音问题，还能针对问题和你的喜好进行学习，及时更新和完善自身。随着使用时间的增加，你会发现你的手机越来越聪明。同时，当浏览网站、在地图和搜索类的软件输入内容时，手机会悄悄记下搜索记录，并根据历史搜索记录、位置和热门内容进行建议和推送。智能手机中的相册也会自己整理归档，能够快速帮你找到特定时间、地点的照片。邮箱会对邮件进行筛选，找出其中重要的文件，书写邮件时，智能编写会给你最合适的遣词造句建议，并能够自动对视频和电视节目字幕进行处理。还有各种的 App，与家居系统、穿戴设备、交通系统、教育系统、医疗系统互联，组成了一个智能网链。

3.2.4 智能眼镜

13 世纪末，玻璃工匠 Cristalleri 将磨出的两个凸透镜，放入带有轴的木制环中，用铆钉连接，世界上第一副眼镜就这样诞生了。经过几百年的发展，眼镜除了清晰度、防护功能的发展，还逐渐出现了智能化的特征。

智能眼镜是一种在使用中可改变其光学特性，拥有独立操作系统的可穿戴计算机眼镜。如：搭载了 Android 系统的智能眼镜可以在佩戴者看到的事物旁边添加信息，或者通过电子编程改变镜片色彩。通过语音控制或手动操作完成导航、拍照、拍视频、添加日程、与朋友视频通话。可以通过眼球的活动来操作，眼球转到特定位置呼出操作界面，还能做到与周围环境信息的互动。当堵车时，智能眼镜会告诉前方拥堵路段的长度和预计通过时间，并根据目的地规划出另外一条合理路线。当在店铺里发现一件好看的衣服而价格昂贵时,智能眼镜会对衣服进行扫描并进行全网搜索对比,引导佩戴者做到最好的选择。

提到智能眼镜的时候,大家通常将它与许多的高科技技术和零部件联系在一起。其实,智能眼镜除了所熟知的 AR(Augmented Reality,AR)、VR(Virtual Reality,VR)眼镜等沉浸式眼镜,还有许多能够正常反映现实的"普通智能眼镜"。眼镜架内部安装一个小小的运动相机,就是一款应用于眼镜上的智能相机,能够从第一视角拍摄图片和录制视频,然后通过智能处理发送给朋友。这种智能眼镜没有所谓虚拟屏幕,用户能够专注于眼前世界,不受其他信息干扰。还有的智能眼镜,有一个可移动小屏幕,在视觉的边缘可以看到这块小屏幕,是对视野的一种延伸。

不过相比于 VR、AR,现在市场上最火热的智能眼镜还是 MR 眼镜。MR(Mediated Reality,MR)是近年来才出现的一种将真实和虚拟世界完美链接的黑科技,呈现给人们一个真假难辨的魔幻世界,给人们带来了一场感官盛宴。MR 眼镜视野中的全息影像和信息都是通过机器运算得出的对现实世界的理解和虚拟。运用于游戏场景,基于真实世界内的房间,怪物可以从空中发起攻击,也可能从沙发、桌子里爬出来,真正让用户产生身临其境的感觉。

目前,智能眼镜技术发展非常迅速,既有像 Google、EPSON 公司发布的针对普通消费者工作和生活场景的智能眼镜,也有 Vuzix 等发布的专门为企业、工业和医疗领域打造的智能眼镜。这些智能眼镜不仅可以实现浏览网页、拍照、看视频、玩游戏等基本功能,而且可以跟踪定时事件,管理日历以及动态高清摄像,还可以用作条形码扫描仪,满足消费者的不同功能需求,给用户带来完全不同的体验。

3.2.5 智能服装

"着我绣夹裙,事事四五通。足下蹑丝履,头上玳瑁光。腰若流纨素,耳著明月珰。指如削葱根,口如含朱丹。纤纤作细步,精妙世无双。"《孔雀东南飞》中对刘兰芝服饰的描写,展现其温柔贤淑的品质。正可谓衣如其人,一个人的穿衣风格是一个人气质、风度以及素质和修养的综合体现。从古至今,人们对服饰的要求从未降低过。在这个技术飞速发展的年代,舒适、好看的属性已经逐渐满足不了人们对着装的追求,智能服饰也就应运而生。

智能服装是指能感知外部环境和内部状态的变化,通过信息反馈,并能实时地对这种变化做出反应的一种智能穿戴设备。内置的众多传感器,能够感知并传递外界环境的变化,融入令人惊奇的科技,具有传感、反馈、响应、自诊断、自调节等功能。

连接到智能手机的智能夹克,可以通过袖口上的屏幕拨打电话、控制音乐音量,甚至

人工智能概论

56

可以通过点击或者扫过袖子来进行操作。配有智能芯片的连帽衫、运动衫、夹克和牛仔裤，可以跟踪产品的使用频率及产品的磨损位置，还可以将衣服信息同步到手机 App。连接到智能手机 App 的智能瑜伽裤，在感知瑜伽姿势需要精炼的时候，使用触觉反馈在您需要调整的身体部位产生小的振动，提供有关如何优化每个姿势的说明以及适当的瑜伽流程，可用于策划自己的个人瑜伽课程。具有能量收集功能的智能服装，可以收集人体所散发的热量，并以远红外方式辐射回皮肤。这种能量不仅安全，还可以更好地促进肌体恢复与放松。内置先进传感器的智能袜子，可以检测脚在行走或跑步时如何着陆的精确数据，连接的 App，可以在运行时跟踪步数、速度、高度和行进距离。拥有时尚美感和高科技功能的智能泳衣，加入了具有防水功能的集成紫外线传感器，在紫外线水平较高时会发出警报，提醒涂抹防晒霜。智能内衣作为与皮肤最接近的衣服，可以测量呼吸、心率和肌肉紧张度，以确定人体一些压力水平、活动、焦虑的健康指标。

服装作为"衣、食、住、行"的首要考虑要素，不仅是时尚、气质的主要体现方式，也将是人类科技发展成果的展现，相信未来的智能服装也会越来越受欢迎。

3.2.6　智能鞋

从开始拥有智能鞋的概念开始，人们就对其充满了期待。尤其是在运动领域，从之前的智能手表、智能手环、智能眼镜、智能服饰，到智能鞋这个真正的运动助力器，对喜爱运动的人来说，那些智能运动辅助功能看起来更是有如神助。

智能鞋是一种在传统工艺不断优化的基础上，结合现代各种电子元器件和智能科技，不改变用户生活和使用习惯，真正能够做到感知脚的问题、解决脚的问题，具有安全健康、运动感知、医疗功能的鞋子。

智能鞋上携带的传感器可以全天候记录运动状况，运动里程、步数、时间等都逃不出它的感知，并能够通过智能算法计算出所消耗的卡路里数。自带的 GPS 定位还可以记录每一次运动的地图路线，传到手机生成运动地图。虽说智能鞋的这些功能与智能手表、智能手环等差别不大，但是智能鞋还能够配合手机 App，在用户穿上鞋子后，通过传感器判断目前身体状态是否适合运动以及适合什么强度的运动，还能记录在运动下的肌肉疲劳状况，并及时做到对是否应该休息、是否减轻运动强度的提醒。

智能鞋不只是应用于运动生活领域，法国一家公司发布了一款带有电子墨水屏的鞋子，用户可以根据自己的心情，通过手机 App 像选择壁纸一样选择鞋的颜色和图案。一双鞋可以变成任何想要的样子，做到每天都"换新"。该公司还推出一款能够自动调节鞋跟高低的智能鞋，需要的时候把鞋跟升高，要是累了就把它变成一双平底鞋，简直是喜欢高跟鞋女士的福音。

说到鞋也能用来打游戏，很多人的第一反应是不可能。体感游戏鞋内置了智能感应器，在脚部运动时，游戏内的角色也会做出相应的动作，堪称穿在脚上的游戏手柄。比起普通手柄，游戏鞋可以让你站起来，以更健康的方式进行游戏，告别长期坐在电脑、电视前导致的各种健康问题。

由 VR 眼镜和智能鞋组成的 VR 智能鞋，更是不可思议，用户穿上后只需要在原地踏步就能身临其境地穿行在奇幻古堡里。转一下头，变一下视线就能感受到 360° 全方位震撼景观，享受更好的浸入式体验。加入更多的内容后，用户穿戴好 VR 智能鞋，无论是在跑步机上跑步还是在普通电单车上骑行，都能有绝佳的沉浸式体验，感受不一样的体感互动。

除去传统上对智能鞋的概念，近年来还出现了穿在脚上的"飞行鞋"。2019 年 4 月，法国阅兵式上，世界滑雪冠军 Franky Zapata 穿着喷气式"飞行鞋"，手持步枪，像鸟儿一样在阅兵观礼台上空飞行了数十米，带给人们"未来战士"的幻觉，如图 3-10 所示。这种"飞行鞋"的造型小巧，是在之前水动力喷气飞行背包的基础上，把喷水器换成小型喷气发动机，多个发动机分布在两鞋中间，相互独立调整飞行角度，保证了即使一台发动机出现了问题，依然能够安全地飞行。戴好头盔，按下启动按键，"飞行鞋"就会带着人飞行起来，身体前倾可以快速向前飞行，也可以像直升机一般，悬停在空中。想象一下若是用于军事特种作战，各种险峻的地形地貌将完全不是问题。

图 3-10 "飞行鞋"

3.3 未来发展趋势

智能穿戴设备是用来更好地探索人与科技的交互方式，提供个性化、智能化、私人化的定制服务。它的发展状况要远远超出人们的预期，尤其在这个人工智能、大数据时代，智能穿戴设备的发展越来越超乎想象，其应用的领域越来越广泛，给人们的生活方式和生活习惯带来了许多颠覆性的改变。

对于普通消费者来说，实用性和便捷性是其选择一款智能穿戴设备的首要因素。纵观各种智能穿戴设备在市场上的表现，销量最好的通常不是那种功能复杂、操作难度高的产品，而是操作简单、实用性强、便于穿戴的产品。另外，价格也是消费者所衡量的因素之一，现有的智能穿戴设备总的来说价格相对比较高。因此，简单实用、降低成本将是未来智能穿戴发展中一个亟需解决的首要问题。

其次，吸引人们购买智能穿戴设备的初衷往往是因为它的颜值。智能穿戴设备作为一种功能设备的同时，也更衬托和体现了穿戴者对知识、时尚、审美的理解。所以，制造精良、外观精美、设计出众、整体优雅的智能穿戴设备才能赢得用户的青睐。

再次，智能穿戴设备可能被使用者进行贴身、长时间的佩戴，所以安全与质量问题也就成为最不可忽视的部分。因此对电源适配性、电池安全性、无线性、电磁辐射、有无有害物质的使用需要全方位的评估。

最后，由于贴身使用，基础数据的可靠性、准确性、隐私性、安全性都是要考虑和解决的问题。而像体内植入性智能穿戴设备，更是直接影响人体健康，需要统一规范行业标准。

随着科学技术的发展，骨传导、陀螺仪、心率检测等传感器应用于智能穿戴设备，智能设备逐渐朝着多元化的方向发展，各种精分的应用场景层出不穷。未来的智能穿戴设备不再是局限于手表、手环、眼镜、服装、鞋等时下的一些应用，其受众和市场都将是不可估量的。相信随着人工智能技术的发展，未来的智能穿戴将带给我们一个不一样的你我。

习　题

1. 智能穿戴设备的定义是什么？
2. 列出一些典型的智能穿戴设备。
3. 简述智能穿戴设备的发展历程。
4. 简述智能手表的智能功能有哪些？
5. 根据智能手机的功能说明它所替代的传统单功能设备有哪些？
6. 简述一种你所熟悉的智能穿戴设备，并说明具有哪些智能功能？
7. 尝试设想一种你所期望拥有的智能穿戴设备及功能。
8. 根据所学习内容，畅想未来智能穿戴的发展趋势。

参 考 文 献

[1] 陈根. 智能穿戴改变世界[M]. 北京：电子工业出版社，2014.

[2] 徐旺. 可穿戴设备：移动的智能化生活[M]. 北京：清华大学出版社，2016.

[3] 陈根. 智能穿戴物联网时代的下一个风口[M]. 北京：化学工业出版社，2016.

[4] VALERIE Boden. 给孩子的科普书：可穿戴设备[M]. 北京：机械工业出版社，2018.

[5] 张孝强，王伟. 智能可穿戴技术在军事医学领域的应用[J]. 医疗卫生装备，2019，40(5)：90-95.

[6] 徐越斌，韦哲，陈韬. 穿戴式智能健康监测与诊疗指导系统研究设计[J]. 中国医学装备，2018，15(1)：96-99.

[7] 孙爱华，孙咏晖，齐芳. 可穿戴智能运动设备发展的局限性因素及对策研究[J]. 山东体育科技，2017，39(3)：27-31.

[8] 廖显辉. 基于健康管理的可穿戴式智能设备发展桎梏及未来路径[J]. 体育科技文献通报，2019，27(5)：139-140，143.

人工智能概论

第4章 智能制造

4.1 概　述

　　制造业是国民经济的主体，是立国之本、兴国之器、强国之基。人们对高质量、高产量、低成本产品的追求不断推动着制造业的发展。纵观历史，人类经历了机械化、电气化、自动化三次工业革命，每一次工业革命都使制造业涅槃重生，焕发出新的活力，对各国政治、经济、社会等产生了深远的影响，对世界格局进行了重塑。今天，一场关乎未来制造业走向和变革的新一轮工业革命——智能化，在全球范围内勃然兴起，智能制造已成为新的时代坐标，成为全球制造业的竞争焦点，成为产业转型升级的重要抓手。

　　智能制造(Intelligent Manufacturing，IM)是基于新一代人工智能技术、信息通信技术与先进制造技术深度融合，并由相关的人、物理系统以及信息系统有机组成的综合智能系统。其中，人是物理系统和信息系统的创造者和使用者，是智能制造的主导。物理系统主要包括动力装置、传动装置、工作装置等，完成具体的制造工作，是智能制造的主体。信息系统由软件和硬件两部分组成，负责对传入的信息进行各种计算分析，传输指令给物理系统，是智能制造的主线。智能制造系统的组成及三者之间的具体关系如图 4-1 所示。智能制造贯穿于产品设计到售后服务的全部环节，具有自感知、自学习、自决策、自执行、自适应等功能，能够延伸或部分取代制造环境中人类的脑力劳动，进而能够提高生产效率，降低运营成本，增强制造业的竞争力。

　　二战后，经济全球化的发展使全球制造业形成一个相对稳定的格局。美国等制造业发达国家掌握核心技术，中国等新兴国家提供劳动力和市场，拉美等工业化初期国家提供原材料和能源。近几年来，由于智能制造技术不断发展、要素成本上升等诸多因素，全球制造业格局正在发生转变，变化意味着机遇，各国政府对制造业的重视程度不断提升，纷纷出台相关政策，将智能制造列入国家发展战略规划，着力推动制造业的升级换代和变革。

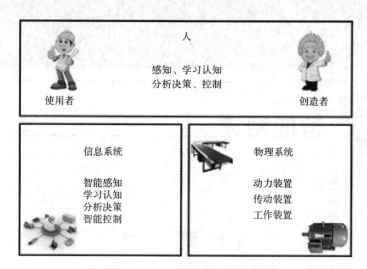

图 4-1　智能制造系统的组成及关系

　　德国制造素来以耐用、务实、可靠、安全、精密等特点闻名世界，德国制造业更是被称为"众厂之厂"，具有很强的国际竞争力。2011 年，德国在 Hannover 工业博览会上首次提出了工业 4.0 的概念。2013 年 4 月德国工业 4.0 工作组发表了《保障德国制造业的未来：关于实施工业 4.0 战略的建议》，正式推出工业 4.0 概念，并将其上升至国家战略层面，明确了其目的是为了保障德国制造业的未来。工业 4.0 对世界制造业产生了巨大影响，被认为是以智能制造为主的第四次工业革命。德国工业 4.0 的核心内容可以概括为"一个网络""双重战略""三大集成"和"八项举措"。其中"一个网络"是指以信息物理系统(Cyber-Physical Systems，CPS)形式建立的网络，其本质就是将产品和用于生产的物理系统连接到信息系统，进而实时跟踪产品的生产过程，同时通过信息系统控制物理系统的工作。"双重战略"中一重是领先的供应商战略，智能制造设备供应商利用先进的技术、完善的方案开发具有"智能"的生产设备；另一重是领先的市场战略，强调对整个德国国内制造业市场的有效整合。"三大集成"与"八大举措"的具体内容分别如图 4-2 和图 4-3 所示。

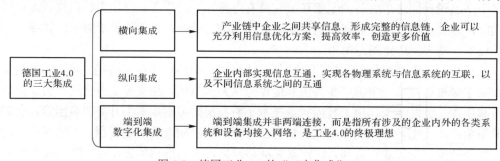

图 4-2　德国工业 4.0 的"三大集成"

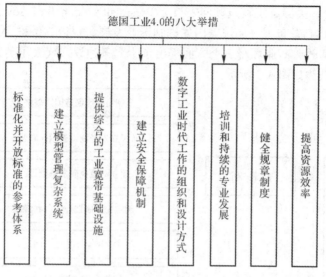

图 4-3　德国工业 4.0 的 "八大举措"

美国也是当今全球制造业的翘楚,掌握着很多产业的关键技术和核心工艺,尤其注重设计和服务环节,占据着全球产业链的高端,并形成了许多国际性标准,如 6-sigma 体系。近年来,美国对制造业越发重视,开展再工业化,推行先进制造。2011 年,美国政府启动先进制造伙伴计划(Advanced Manufacturing Partnership,AMP),投入了 5 亿美元,强化关系国家安全的关键产业本土制造能力、缩短先进材料从开发到推广应用的时间、投资发展新一代机器人、研究开发创新型的节能制造工艺。2012 年 2 月,美国国家科学技术委员会公布了《国家先进制造战略计划》,分析了全球先进制造业的发展趋势及美国制造业面临的挑战,并提出了实施该计划的五大政策目标,如图 4-4 所示。

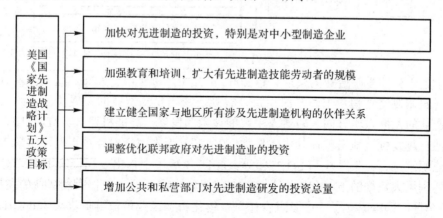

图 4-4　美国《国家先进制造战略计划》五大政策目标

2014 年 10 月，美国总统科技顾问委员会(President's Council of Advisors on Science and Technology，PCAST)发布了《加快美国先进制造业发展》报告，俗称 AMP2.0，针对技术创新、人才培养和改善商业环境三个方面提出了十二条建议，代表了美国政府主导的国家级制造业战略，具体如图 4-5 所示。

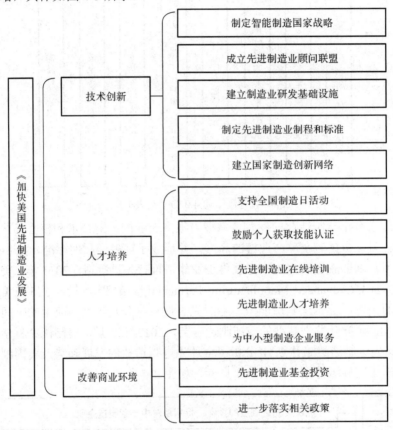

图 4-5 《加快美国先进制造业发展》十二条建议

日本也十分注重制造业的发展，自 2002 年开始，每年都会发布一版《日本制造业白皮书》。《日本制造业白皮书》与时俱进，客观反映当年制造业的发展情况，并对下一步日本制造业的发展点明方向。随着人工智能技术的发展，智能机器人、3D 打印、数字技术等词汇也越发频繁地出现在其中。譬如，2014 年版本中指出要重点发展机器人、下一代清洁能源汽车、再生医疗和 3D 打印等；2015 年版本中指出要积极应用 IT，建议日本重点发展利用大数据的下一代制造业；2018 年版本中将互联工业作为制造业的发展目标。2015 年 6 月，日本成立了"产学官合作"一体化机构工业价值链促进会(Industrial Value Chain Initiative，IVI)，并提出新一代工业价值链参考模型(IVRI-NEXT)，成为日本产业界发展互联工业的行动指南。参考模型从资产、管理和活动三个维度将智能制造整合为一个个可互联的智能制造单元(Smart Manufacturing Unit,SMU),如图 4-6 所示。智能制造单元的自主进化遵循发现问题(Exploration)、共享问题(Recognition)、确立课题(Orchestration)、解决问题(Realization)的 EROR 循环。

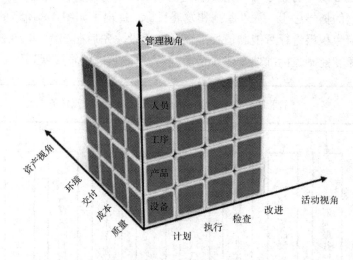

图 4-6　新一代工业价值链参考模型智能制造单元示意图

中国的制造业自改革开放以来就发展迅猛,建立了门类齐全、独立完整的制造体系,目前已经成为世界第一制造大国,但与制造业发达国家相比,大而不强的问题非常突出。因此,制造业的转型升级势在必行。2015 年 5 月,国务院发布了中国实施制造强国战略第一个十年行动纲领《中国制造 2025》,提出了从制造大国向制造强国转变的"三步走"战略,具体如图 4-7 所示。

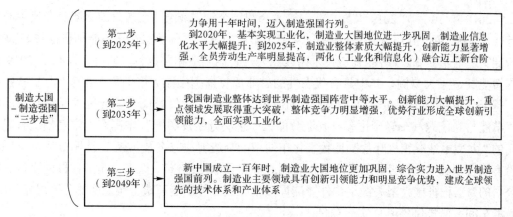

图 4-7　《中国制造 2025》三步走战略

《中国制造 2025》提出了要推进信息化与工业化深度融合，要研究制订智能制造发展战略、加快发展智能制造装备和产品、推进制造过程智能化、深化互联网在制造领域的应用。2016 年 12 月，工业和信息化部在南京世界智能制造大会上正式发布了《智能制造专项规划(2016—2020)》，分析了中国智能制造的发展现状和形势，明确了"十三五"期间中国智能制造发展的指导思想、基本原则和发展目标，提出了如图 4-8 所示的十大重点任务。此外，中国政府也积极进行智能制造标准体系的建设，先后在 2015 年和 2018 年发布了两个版本的《国家智能制造标准体系建设指南》，为智能制造的发展保驾护航。

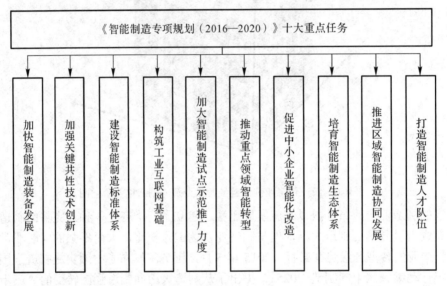

图 4-8 《智能制造专项规划(2016—2020)》十大重点任务

2019 年 10 月，"2019 世界智能制造大会智领全球发布会"在南京国际博览会议中心举行，大会从"新思维、新业态、新技术"三个维度出发，发布了《2019 智能制造报告》《2019智能制造前沿技术》《智能制造技术路线图》等智能制造相关报告。同时，发布了 2019 中国智能制造十大案例，其中具有代表性的有菲尼克斯(中国)投资有限公司的"海尔智能工厂基于菲尼克斯工业实时以太网方案的应用"、机械工业仪器仪表综合技术经济研究所的"节能与新能源汽车轻量化车身制造智能工厂解决方案及实施"、中国东方电气集团有限公司的"大型电站汽轮机叶片制造数字化车间智能制造解决方案及实施"、沈阳鼓风机集团股份有限公司的"沈鼓云服务实现远程智能服务和预知性维修"、徐工集团工程机械股份有限公司的"工程机械大型关键结构件智能焊接生产线智能制造解决方案及实施"等智能工厂、智能车间、智能制造具体实施项目。

4.2 智能制造的内涵

4.2.1 智能制造系统架构

智能制造是一个宽泛的概念，研究范围很广，涉及人工智能、制造技术、信息技术等多个领域，在研究成果上呈现出"碎片化"的态势，从设计到销售，从设备到系统，从技术到人文，很难将其综合到一个完整框架。在《国家智能制造标准体系建设指南》中，给出了一个智能制造的系统架构，从生命周期、系统层级、智能特征三个维度较为全面地整合了智能制造的内容，如图4-9所示。

智能制造系统架构		
生命周期	**系统层级**	**智能特征**
设计	设备	资源要素
生产	单元	互联互通
物流	车间	融合共享
销售	企业	系统集成
服务	协同	新兴业态

图 4-9 智能制造系统架构

生命周期是指产品从设计原型到回收再利用的全过程，包括设计、生产、物流、销售、服务等相互关联的环节。设计是根据现有条件和用户需求进行产品研发的过程，在传统设计的基础上，借助数据库、网络计算机、人工智能等技术，在虚拟环境中通过模拟仿真设计产品，实现智能设计。生产是按照设计创造具体产品的过程，而在生产过程中将物理系统连接到智能信息系统，使不同的系统、设备之间能够相互响应与合作，就是智能生产。物流是产品从出厂到递交客户的运送过程；销售是商品所有权从企业移交客户的经营过程；服务是企业与客户接触过程中进行的活动。通过人工智能、信息技术等能够使物流、销售、服务过程更加便捷周到。

系统层级是指生产过程中相关组织结构的层级划分，包括设备层、单元层、车间层、企业层和协同层。设备是生产过程中具有相对独立功能的结构，典型的智能设备有数控机床、3D打印机(3 Dimensions Printing)等。单元层与设备层密切相关，是将多种智能设备、

❖ 第 4 章 智能制造

仪器应用到生产线中，实现信息处理、实时监控的功能。车间层是将不同类型的智能设备、智能生产线通过统一的软硬件设施接口标准互联互通，从而实现对车间或工厂生产的集中管理，形成智能车间或智能工厂。企业层面向企业的经营管理，构建企业数字化平台，整合产品生产过程的数据，建立能与实体工厂深度交互的虚拟工厂。利用大数据、云计算等技术，构建智能决策与管理系统。协同层是依托物联网和互联网，使企业能够实现跨地区、跨行业协同合作、资源共享。

智能特征具体指出了智能制造中智能的体现方式，包括资源要素、互联互通、融合共享、系统集成和新兴业态五个层级。资源要素是指产品生产时所需要的资源或工具及其数字化的模型，比如一台独立的智能设备就是一个智能资源要素。互联互通是指通过有线、无线等多种通信技术将可以连接的资源要素相互连接，实现信息交换功能。融合共享是指在保证信息安全的前提下，通过新一代信息通信技术实现信息协同共享。系统集成是指由小到大实现从智能设备到智能单元、智能车间、智能工厂，乃至整个智能制造价值链的集成。新兴业态是指为了实现个性化定制、远程运维等新型产业形态进行的企业间价值链整合。

本章将针对计算机辅助设计、数控机床、3D打印机等智能制造的典型应用进行介绍。

4.2.2 计算机辅助设计

计算机辅助设计(Computer Aided Design，CAD)是一种可以由计算机软硬件系统、图形处理系统、智能终端辅助人们完成产品或工程设计的方法和技术。设计的主体仍然是人类设计者，设计者的创造力、想象力、分析思维能力与计算机等辅助设备的强大计算能力、信息处理能力、图像处理能力相结合，共同完成设计工作。

CAD诞生于20世纪50年代，起初主要用于二维绘图。随着科学技术的不断进步，CAD也在不断发展，功能越来越多样化，已经能为设计者提供多种实用高效的工具，可以对设计进行规划、分析、模拟、修改、优化、评价、决策，并最终形成完整的工程文档。通常产品的基本设计流程如图4-10所示，可以看出产品设计的几乎所有环节都能通过CAD来完成。

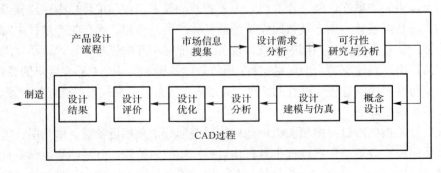

图4-10 产品设计流程

CAD 以具有图形处理功能的交互式计算机系统为基础，由硬件系统和软件系统构成。硬件系统主要有主机、输入设备、输出设备、存储设备、网络设备、多媒体设备等。其中，主机可以是图形工作站或个人计算机；输入设备主要有键盘、跟踪球、图形输入板、数字化仪、扫描仪、三维坐标输入仪等；输出设备有显示器、绘图仪、打印机、快速成型机、3D 打印机等；存储设备有硬盘、光盘、磁带机等。软件系统包括系统软件、支撑软件和应用软件。系统软件包括 Windows、UNIX、Linux 等操作系统以及 C、C++、Java、通用 BASIC、汇编语言等编译系统。支撑软件是在系统软件的基础上开发的满足 CAD 用户共同需要的通用性软件，包括 AutoCAD 等交互式绘图软件、NASTRAN 等工程分析软件、EdgeCAM 等数控编程软件，以及 Inventor 等综合集成软件。应用软件是针对某一专门领域研制的，是在系统软件和支撑软件的基础上进行的二次开发。

CAD 能够在设计的同时对产品的性能进行分析，且便于修改，可以实现产品数据的标准化，极大地提高了设计的效率和质量，是无图纸化生产的前提，并为实现产品生命周期管理(Product Life-cycle Management，PLM)系统提供了基础。近些年来，智能制造技术快速发展，带动着 CAD 也向数字化、集成化、网络化、智能化不断发展。目前，CAD 已在建筑设计、机械设计、电子和电气设计、软件开发、机器人、服装设计、工厂自动化、计算机艺术等各个领域得到广泛应用。

4.2.3　数控机床

数字控制(Numerical Control，NC)简称数控，国家标准 GB8129-87 将其定义为"用数字化信号对机床运动及其加工过程进行控制的一种方法"。数控系统是采用数字控制技术实现各种控制功能的智能系统，控制指令为代表加工顺序、工艺和参数的数字码，机器设备会按照该数字代码来进行工作。早期的数控系统由硬件电路搭建而成，被称为硬件数控。后来硬件电路元件逐步由计算机取代，成为计算机数控系统(CNC System)。计算机数控系统一般由计算机、输入输出设备、可编程序控制器、存储器、驱动装置、操作台等构成。由于数控系统很好地解决了复杂、精密、小批量、多品种的零部件加工问题，具有柔性、高效能、高精度等特点，因此在机械、电子、汽车、飞机等众多制造领域得到了广泛应用。

数控机床(Numerical Control Machine Tools，NCMT)就是采用数控技术或装备数控系统的机床，基本结构如图 4-11 所示，主要包括加工程序载体、输入装置、数控系统、伺服系统、辅助控制装置、测量反馈系统及机床本体等部分。加工程序载体的作用是存放机床工作的指令。输入装置接收加工程序载体上的数据，必要时进行相关转化，使其变为数控系统能够处理的信息，同时输送给数控系统。根据程序载体的不同，可以通过光电阅读机、磁盘驱动器、键盘等设备输入，也可以通过 CAD/CAM 系统直接通信、网络传输输入等方式输入。数控系统是数控机床的核心，接收输入装置送来的所有信息，经过综合处理之后，向伺服系统和辅助控制装置发出执行命令，同时还要对机床工作时测量反馈系统的信号做出响应。伺服系统位于数控系统和机床主体之间，它负责将从数控系统接收到的微弱信号放大整形，转换为角位移、角速度等模拟量信息，进而驱动执行电机带动机床运动部件运动。步进电动机、直流伺服电动机和交流伺服电动机是常用的驱动装置。辅助控制装置接收数控系统发出的开关量指令信号，经过逻辑判别、功率放大等，带动气压、液压、排屑、润滑、冷却等辅助装置的开关量动作。测量反馈系统监测机床运动部件的实际位置、位移值等信息，并将监测结果及时反馈到数控系统中，最后由数控系统根据实际值与理论值的差值做出进一步决策。

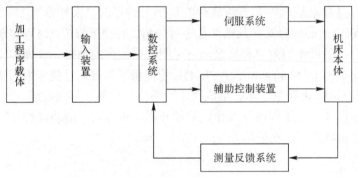

图 4-11　数控机床的基本结构

与传统的机床相比，数控机床的集成度非常高，一台机器可以完成钻、铣、镗、扩、铰、刚性攻丝等多种工序加工，具有加工速度快、精度高、柔性度高、适应性强等特点，非常适合小批量产品的生产和新产品的研发。另外，现代数控机床一般都具有通信和网络功能，因此可以作为更大智能制造系统中的底层设备，是实现智能工厂、智能制造系统的基本环节。图 4-12 所示的 CK-6140 数控车床，是目前应用较为广泛的数控机床之一，可以实现切槽、钻孔、扩孔、铰孔及镗孔等功能。

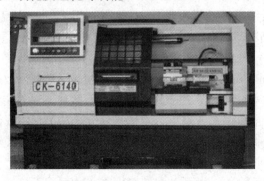

图 4-12　CK-6140 数控车床

4.2.4 增材制造

增材制造(Additive Manufacturing，AM)是一种由零件三维数据驱动，通过材料逐渐累积而实现零部件制造的智能制造技术。增材制造是相对于传统机加工中切、削、钻、铣、镗、扩、铰的减材制造而言的，使过去受传统制造方式的约束而无法实现的复杂结构制造变为可能。

3D 打印就是一种新型的增材制造方法，又称快速原型制造(Rapid Prototyping)或实体自由制造(Solid Free-form Fabrication)。这种方法是基于离散-堆积原理，依据数字模型文件，用可黏合材料逐层打印，最终构造出实物，是一种"自下而上"的制造方法，其技术的核心思想原自 19 世纪末美国研究的分层构造地貌地形图的技术。图 4-13 是一台 3D 打印机。

图 4-13 3D 打印机

与传统打印相比，3D 打印使用的材料不是颜料，而是实物的原材料粉末，打印的过程就是三维实物的生产成型过程。使用 3D 打印制造一件产品一般要经过三维建模、分层切割、逐层打印、后期处理四个阶段，如图 4-14 所示。在三维建模阶段，若已有制造对象实物，可以通过三维坐标扫描仪等仪器获取制作对象的三维数据，再建立数字模型文档，否则要使用 CAD 从零开始设计对象的三维数字化模型。3D 打印机不能直接根据三维模型构造出实物，而是需要通过专业软件将模型切分成逐层的截面数据，切分的厚度间隔由材料的属性和 3D 打印机的规格来决定，这就是分层切割阶段。然后，就是关键的逐层打印环节了，将切割的截面数据传送到 3D 打印机，打印机会依据数据逐层"堆叠"材料，整个过程根据模型结构、打印材质、工艺方法等耗时几分钟到几天不等，直到固态实物成型。模型打印完成后有时会有毛刺、表面粗糙等问题，经过固化、修整、上色等后期处理，才能完成最终物品的制造。

图 4-14　3D 打印的过程

3D 打印技术融合了计算机辅助设计、数字建模技术、材料加工与成型技术等，随着人们的不懈探索，其内涵不断深化，外延也不断拓展，3D 打印的类型不断增多。目前，按照原材料的种类可以分为金属成形、非金属成形、医用生物材料成形；按照原材料的状态可以分为液体成形、粉末成形、片成形；按照材料的堆叠方式又可以分为挤压成形、烧结成形、熔融成形、光固化成形、喷射成形等。

如果说 3D 打印是生产制造的一次"解放"，将制造从传统的刀具、夹具以及多道加工工序中解放出来，使用一台设备就可以快速精密地制造出任意复杂形状的物体，那么 4D 打印(4D Printing)技术就是产品制造更大范围内的"解放"。4D 打印也是增材制造的一种，与 3D 打印相比较，4D 打印多一个维度——时间。4D 打印就是利用智能材料与 3D 打印技术，制造出在预定刺激下会自动变换物理属性的三维物体。其中，智能材料是指在温度、压力、光照等环境的刺激下自动变换外形、密度、颜色、电磁特性等属性的物质。目前，4D 打印仍处在初步探索的阶段，相信随着智能制造技术的快速发展，这种新型制造技术将在医疗、建筑、军事、交通等领域得到广泛应用。

4.2.5　工业智能机器人

工业智能机器人是一种面向工业领域，具有多自由度，可以靠自身动力和控制能力执行某些操作，进而完成一定工业工作和任务的智能机器人。它们不仅可以按照预先编排的程序指令运行，也可以根据人工智能技术制订的原则纲领行动，在传感器和智能技术的帮助下，完成许多未知的任务和工作，处理和应对一些突发事件。与其他机器人类似，工业智能机器人也是由机械系统、感知系统、控制系统和驱动系统四部分组成的，其基本构成如图 4-15 所示。

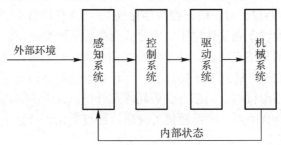

图 4-15　工业智能机器人系统的基本构成

机械系统是机器人的主体，一般是指能够看到的机器人的结构，包括底座和执行机构。根据底座的不同，可以将工业机器人分为具有固定底座的机器人和具有移动底座的移动机器人。机器人的机械机构是由关节联结起来的一系列的连杆，包括可移动的臂、灵活转动的腕和完成任务的末端执行器，每个部分具有若干自由度，构成一个多自由度的机械系统。机械手必须沿着其机械结构合理地配置自由度，以保证能顺利完成指定任务。例如，在三维空间中的定位和定向通常需要 6 个自由度，其中 3 个自由度用于对目标点的实际定位，另外 3 个自由度用于在参考坐标系中对目标点定位。按照臂的类型和顺序，可以将机械手分为笛卡尔型、圆柱型、球型、SCARA 型和拟人型。与固定底座机器人不同，移动机器人拥有可以移动的底座，使其可以在特定的环境中自由移动，根据移动方式的不同主要可以分为轮式移动机器人和步行移动机器人。

感知系统主要是由本体传感器和外部传感器构成的。本体传感器用来获取机械系统内部状态数据，比如位移、速度、加速度等。外部传感器用来获取外部环境数据，比如力、距离、温度、声音等。测量线性位移可以用电位计、线性差动变换器和感应同步器；测量角位移可以用电位计、编码器、旋转变压器和同步器；测量速度可以用直流转速计和交流转速计；测量力可以用张力计；测量距离可以用声呐传感器和激光传感器；感测环境可以用 CCD(Charge Coupled Device)传感器、CMOS(Complementary Metal Oxide Semiconductor)传感器、照相机等。感知系统能够将不同的信号转化为机器人可以理解和应用的数据，将其传送给控制系统。智能传感器能够提高工业机器人的灵活性和适应性。

控制系统相当于机器人的大脑部分，是机器人的控制中心，是决定机器人功能和性能的主要因素。工业机器人的控制系统位于感知系统和驱动系统之间，它的任务就是接收来自感知系统的信息，并根据这些信息和作业指令程序，控制工业机器人在工作空间中的运动位置、运动时间、运动轨迹等。工业机器人根据程序输入方式不同可以分为编程输入型和示教输入型。编程输入型是指将计算机上提前编好的作业程序文件通过串口、网络等直接传送到机器人的处理器中；示教输入型是指由操作者使用示教操纵盒控制或直接领动执行机构，使其按要求的动作顺序和运动轨迹演练一次，期间工作程序的信息会自动保存，这样就完成了作业指令程序的输入。工业机器人根据控制原理又可以分为程序控制型和适应性控制型，主要区别在于机器人工作的触发方式不同，程序控制型通过程序命令和按键等外设触发工作，适应性控制型则通过传感系统接收的信息触发相应工作。另外，工业机器人根据运动形式分为点位控制型和轨迹控制型。点位控制型控制执行机构由一点到另一点准确定位，对运动路径没有要求，轨迹控制型则要求执行机构按给定路线运动。

　　驱动系统主要是为机器人各部分的运动提供原动力，可以是液压驱动、气动驱动、电动驱动，或者是其中两种或三种驱动结合起来的合成式驱动，可以直接驱动，或者是通过同步带、链条、轮系等机械传动机构进行间接驱动。三种基本驱动方式中，液压驱动由于液体的不可压缩性控制精度较高，反应灵敏，可实现连续轨迹控制，适用于重载、低速驱动，电液伺服系统适用于喷涂机器人、点焊机器人和托运机器人；气动驱动精度较低，阻尼效果差，难以实现高速、高精度的连续轨迹控制，适用于中小负载驱动、精度要求较低的有限点位程序控制机器人；电动驱动是目前使用最多的一种驱动方式，控制精度高、驱动力大、反应灵敏，伺服特性好，驱动电机一般采用步进电机或伺服电机，适用于中小负载、要求较高的位置控制精度和轨迹控制精度、速度较高的机器人，比如交流伺服喷涂机器人、弧焊机器人、装配机器人等。

　　工业智能机器人依据具体应用的不同，通常又可以分成智能焊接机器人、智能码垛机器人、智能搬运机器人、智能喷涂机器人、智能装配机器人、智能缝纫机器人等多种类型。这些智能机器人被广泛应用在现代工厂，替代了之前需要大量劳动力的工作，提高了生产效率。

　　智能焊接机器人是主要从事焊接等业务工作的工业机器人，它是在工业机器人的末端法兰上安装焊接钳或焊枪，使之能进行焊接、切割等工作。智能化焊接机器人不仅具有人在焊接过程中所具有的视觉、听觉、触觉等感官信息，还融合了熔池行为判断、电弧声音辨别、焊缝外观检查等经验常识，在传感器、智能芯片、智能算法和执行器的配合下具有焊接知识学习、推理与决策等智能行为，实现了焊接过程及其质量的自主与智能控制。图4-16是一个智能焊接机器人正在焊接的场景。

图 4-16　智能焊接机器人

智能码垛机器人是一种从事码垛工作的工业机器人，具有堆垛、前移、搬运、平衡重量等功能，可以将装入容器或包装的物体，按一定顺序排列码放在托盘、栈板上，进行自动单层或多层堆码，然后推出，便于运送。码垛机器人可以集成在任何生产线中，为生产现场提供智能化、机器人化、网络化服务，广泛应用于纸箱、塑料箱、瓶类、袋类、桶装、膜包产品、灌装产品行业等。

智能搬运机器人是一种可以进行自动化搬运作业的工业机器人，并且可以根据物件大小、物质属性、环境变化进行自主适应、智能调节。智能搬运机器人是一种设备握持工件，可安装不同的末端执行器以完成各种不同形状和状态的工件搬运工作，将工件从一个位置移动到另一个位置，大大减轻了人类繁重的体力劳动。目前，世界上使用的搬运机器人逾100万台，被广泛应用于机床上下料、冲压机自动化生产线、自动装配流水线、码垛搬运、集装箱等搬运工作中。

智能喷涂机器人是根据喷涂对象、材质和需求进行自动喷漆的工业机器人，主要由机器人本体、喷枪系统、处理器和相应的智能控制系统组成。较先进的智能喷涂机器人腕部采用柔性手腕，既可向各个方向弯曲，又可转动，其动作类似人的手腕，能方便地通过较小的孔洞伸入工件内部，喷涂其内表面。由于具有喷涂效率高、一致性好、危害小、柔性大等特点，被广泛应用在汽车、电器、家具、机械等工业零部件的喷涂生产中，为客户提供经济、专业、优质的喷涂作业。另外，目前大多数智能喷涂机器人配备的集成工艺系统由换色阀、空气与涂料调节阀等组成，确保了高质量、高精度的工艺调节。

智能装配机器人是一种可以完成装配作业的工业机器人。通常，智能装配机器人由机器操作机、控制器、末端执行器和各种智能传感系统组成。其中，操作机的结构类型有水平关节型、直角坐标型、多关节型和圆柱坐标型等；控制器一般采用多处理器或多级计算机系统，实现运动的智能控制和协调；末端执行器为适应不同的装配对象而设计的各种手爪和手腕等；智能传感系统来获取装配机器人与环境和装配对象之间相互作用的信息。目前，智能装配机器人已经应用于电视机、录音机、洗衣机、电冰箱、吸尘器等各种电器制造，汽车及其部件，计算机、玩具、机电产品及其组件的装配工作。图4-17是可进行汽车零部件组装的智能装配机器人。

智能缝纫机器人是一种利用图像识别、3D成型等人工智能技术实现的能够自动识别缝纫位置并进行空间自动化缝纫、缝线、定型的工业机器人。相比人工缝纫，智能缝纫机器人不依赖工人经验，所生产的产品在线迹一致性、3D成型一致性等方面均有大幅提高，能够显著提升产品质量。有服装企业装配了由21条自动生产线组成的智能缝纫机器人，当运行时，22秒可以完成一件衬衣的制作，一天可以完成80万件，而且几乎没有残次品，这种速度、精度、效率是人类无法媲美的。

图 4-17 智能装配机器人

《中国机器人产业发展报告 2019》报道，2018 年中国工业机器人产量达到了 14.8 万台，全球产量占比超过了 38%，连续六年成为全球最大的工业机器人应用市场。

4.2.6 智能工厂

智能工厂(Smart Factory)是在智能制造大背景下出现的一种新型生产组织形式，主要是利用先进制造、网络通信、虚拟仿真、大数据、自动化、人工智能等技术，构建高度协同的生产系统，使工厂具备自主感知、控制、执行、调整和通信的能力，进而达到生产最优、效率最高、速度最快、质量最好的目标。智能工厂是智能制造的主要实现形式和实践载体。智能工厂内涵丰富，不同行业建设智能工厂的关注内容、发展模式和关键环节都各有不同，大致包含智能排产、生产数据采集及分析、数控设备联网管理、制造执行和物料管理等系统。

智能排产系统，又称为高级计划与排程(Advanced Planning and Scheduling，APS)系统，主要解决生产过程中排程与调度问题。传统的人工制订生产计划难以综合考虑人员、设备、物料资源的到位情况来进行精细排产，不能及时应对突发订单、取消订单等情况，易导致在制品库存高、交货期无法保证等问题。智能排产系统充分利用工业物联网、人工智能等技术，与企业资源计划(Enterprise Resource Planning，ERP)、制造资源计划(Manufacturing Resource Planning，MRP)等系统对接，综合分析物料储备、设备产能、模具数量、工人出勤等情况，及时准确地对下达车间的用户订单进行排产。对于流程制造，主要解决顺序优化的问题；对于离散制造，主要解决多资源、多工序的优化调度问题。智能排产系统能缩短制造周期，降低资源浪费，更适应当今"多品种、少批量、短交货期、多变化"的国际市场需求。

生产数据采集及分析(Manufacturing Data Collection & Status Management，MDC)系统是一套实时采集车间详细制造数据，并将其报表化和图表化的软硬件系统。通过人工输入、数控设备控制器、条码输入终端、专用工业自动化数据采集仪、设备端的工控机界面等多种手段获取生产现场的实时数据，包括人员、设备、产品等信息，获得的数据可以存储到SQL、Access、Oracle等数据库中。生产数据采集及分析系统具有很多专用的统计、计算和分析方法，能够自动将数据转化成多种报告和图表，并从报告和图表中筛选获取所需要的信息，比如可以从制造状态报告中获取生产部门、位置、机器等信息。此外，所有的报告和图表的显示方式都能编辑，用户可以根据自身喜好或相关标准来改变颜色、字体、大小等，还能将其导入形成Excel或HTML文件，便于进一步的分析和处理，帮助企业做出科学有效的决策。

数控设备联网管理系统也称为分布式数控系统(Distributed Numerical Control，DNC)，是机械加工智能化的一种形式，主要负责将CAD/CAM生成的加工程序通过网络服务器分发到各台加工设备中，并将各设备的工作情况反馈回网络，实现CAD/CAM与计算机辅助生产管理的集成。数控设备联网管理系统中一台服务器可以支持几千台设备同时联网在线，而且支持多线程双向数据通信，生产现场的所有设备统一联网管理。设备操作人员可以在设备端直接下载和上传数控程序，车间管理人员能够直接在计算机上查看车间数据，都不需要在厂房和办公室之间来回奔波，生产管理更加高效。另外，不同行业的客户可以根据自己的实际需要对上层的多种系统软件进行应用和开发，程序的每一次流转和更改都能够追溯到人。

制造执行系统(Manufacturing Execution System，MES)是一套面向制造企业车间执行层的生产信息化管理系统。美国AMR公司首次提出该概念，并将其定义成"位于上层的计划管理系统与底层的工业控制之间的面向车间层的管理信息系统"，是连接制造计划与工厂车间之间的桥梁。制造执行系统包含生产监视、数据采集、工艺管理、品质管理、报表管理、生产排程、基础资料、设备综合效率(Overall Equipment Effectiveness，OEE)指标分析、薪资管理、数据共享、任务派工、能力平衡分析总共12个功能模块，实现生产从被动指挥向实时调度、质量从事后抽检向在线控制、资源从被动供应向主动供应、成本从事后核算向过程控制的转变，具有功能强大、架构灵活、集成度高的优点。目前已应用到矿产、冶金、水泥、石化、化工等行业。

仓库管理系统(Warehouse Management System，WMS)是根据仓储管理的建设实施经验推出的一款专业化智能系统。仓库管理在企业整个供应链中占据举足轻重的地位，能否有效进行进货、库存管理和发货直接关系到企业的竞争力。仓库管理系统具体包含功能设定模块、资料维护模块、采购管理模块、存储管理模块、销售管理模块、流通记录模块。传统的仓库管理大多是利用纸质文件以手工的方式完成，作业效率低且很容易出错。利用物联网、人工智能等技术对储位和物资进行数字化标识和智能感知，采集物资周转各节点详细信息，加快物资周转，提高各环节作业效率和质量，实现物资从信息管理到实物移动，甚至到财务记账的全周期管理，提高了仓库管理系统的智能化水平。利用条形码、射频识别(Radio Frequency Identification，RFID)等精准跟踪货物动态，确保信息流、物料流统一，货物无误无损进出库房。

4.3 未来发展趋势

智能制造是当今全球制造业的发展热点，也是制造业升级的方向。未来智能制造将向着智能化、柔性化、绿色化的方向发展。

智能化是制造系统在数字化、网络化和自动化基础上的进一步延伸，是智能制造的本质要求。智能制造不只是生产过程中，由机器部分或全部地取代人类的体力和脑力劳动，它涉及产品从设计到回收处理的各个环节。现阶段，人工智能已经融入了制造的各个环节，计算机辅助设计、智能数控机床、智能工厂都是其产物，但智能制造的"智力"还比较低，主控者仍为人，机器自学习、自适应能力差。未来高度智能的制造业也许比"马良神笔"还要神奇，只要有产品的大致外形和预计功能，系统就能自动生产出最理想的产品。

柔性化表征的是制造系统对不同加工对象的适应能力。传统的刚性生产线适合大批量生产，但更换产品生产线及修改生产工艺需要较长的时间和较多的费用。柔性制造系统由信息控制系统、物料储运系统和成组的数控加工设备组成，可以按照加工对象确定工艺过程，选择合适的物料储运设备和数控加工设备，能够实现一定范围内多种产品的高效生产。随着生活水平的提升，人们更加追求个性化，私人订制不约而同地出现在各个领域，制造柔性化正好顺应了这一市场需求。

绿色化是指智能制造中要综合考虑经济利益、资源配置、环境保护、社会效益，使产品在从设计到回收处理的全生命周期里对环境的副作用最小，资源的利用率最高，企业的经济效益和社会效益协调优化。绿色制造是全球可持续发展对制造业的具体要求和体现。智能制造中，在采集产品、设备工作情况等数据的同时，及时采集能源消耗和废料生产的相关数据，利用人工智能、大数据等技术进行分析，实现能源高效利用，降低废弃物产出；在一些不可避免的危险和高污染的环节，优先使用机器来替代人工作将是必然趋势。

习　题

1. 什么是智能制造？
2. 简述德国工业 4.0 的核心内容。
3. 《中国制造 2025》是发展智能制造的行动纲领，这个说法正确吗？简述原因。
4. 阅读文献资料，说明智能制造的系统架构。
5. 简述数控机床的结构和各部分的功能。
6. 解释说明什么是增材制造，与减材智造有什么区别？
7. 阐述 3D 打印的工作流程。
8. 工业机器人主要由哪几部分构成？
9. 工业智能机器人有哪些种类？
10. 智能工厂的涵义是什么？
11. 展望智能制造的未来发展趋势。

参 考 文 献

[1]　曾芬芳，景旭文. 智能制造概论[M]. 北京：清华大学出版社，2001.

[2]　周祖德，陈幼平. 虚拟现实与虚拟制造[M]. 湖北：科学技术出版社，2005.

[3]　殷国富，袁清珂，徐雷. 计算机辅助设计与制造技术[M]. 北京：清华大学出版社，2011.

[4]　《中国制造 2025》发布(全文)强国战略第一个十年纲领[EB/OL]. (2015-05-19) [2019-11-08]. https://robot.ofweek.com/2015-05/ART-8321202-8420-28958004.html.

[5]《国家智能制造标准体系建设指南(2018 年版)》中、英文版正式发布[EB/OL]. (2018-10-12) [2019-11-08]. http://www.miit.gov.cn/newweb/n1146285/n1146352/n3054355 /n3 057585/ n3057589/c6425401/content.html

[6]　ZHOU Ji, ZHOU Yanhong，WANG Baicun, et al. Human-Cyber-Physical Systems (HCPSs) in the Context of New-Generation Intelligent Manufacturing[J]. Engineering，2019，5(4)： 624-636.

[7]　丁纯，李君扬. 德国"工业 4.0"：内容、动因与前景及其启示[J]. 德国研究，2014， 29(04)：49-66+126.

[8] WAYCOTT Andrew. What is Smart Manufacturing?[J]. Industry Week，2016.

[9] KAPLAN Jerry. 人工智能时代[M]. 杭州：浙江人民出版社，2016.

[10] 李开复，王咏刚. 人工智能[M]. 北京：文化发展出版社，2017.

[11] Boden，Margaret. Artificial Intelligence：A Very Short Introduction[M]. Oxford: Oxford University Press，USA 2018.

[12] Turner，Jacob. Robot Rules：Regulating Artificial Intelligence[M]. New York: :Palgrave MacMillan，2018.

[13] Boden，Margaret. AI：Its Nature and Future[M]. Oxford: Oxford University Press，2016.

[14] Tegmark，Max. Life 3.0：Being Human in the Age of Artificial Intelligence[M]. New York: Penguin Books Ltd，2018.

人工智能概论

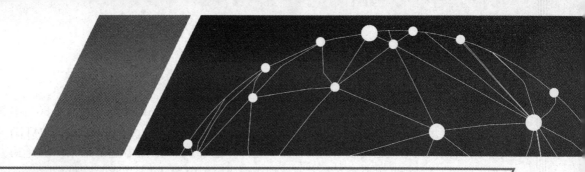

第5章 智能交通

5.1 概 述

随着社会经济的不断发展，交通运输和交通出行在人们的生产、生活中所占的比重越来越大，这对交通基础设施的通行能力也提出了更高要求。然而，由于用于交通建设的土地、水域等客观条件的局限，以及城市化、国际化等新型生活、生产方式的改变，目前交通现状已经不能满足人们日益增长的交通需求。同时，人口数量和汽车保有量的快速增长所带来的交通拥堵、交通事故、环境污染等负面效应也日益呈现，并且成为世界各国面临的一个共性问题。

智能交通系统(Intelligent Transportation System，ITS)，又称智慧交通系统，它是指在较完善的基础设施之上，将人工智能、大数据、通信、自动控制等先进的科学技术有效地集成运用于交通运输系统，使驾驶者、交通工具、交通基础设施及相关服务部门有机地结合起来，建立一种大范围、全方位、实时、准确、高效的综合运输体系。智能交通系统是解决目前交通问题的重要方法，是未来交通系统建设和发展的主要方向。

智能交通系统这一名称最初是在 1993 年春季美国召开的智能车路系统年会上提出的，它的前身是智能车路系统(Intelligent Vehicle Highway System，IVHS)。1994 年 11 月，第一届智能交通世界大会在法国巴黎召开，自此智能交通系统正式成为国际交通界、产业界和科技界的一个专有名词。智能交通系统也受到了广泛关注，不少国家和政府纷纷开始从城市交通信号控制、高速公路监控、电子不停车收费(ETC)、交通信息服务等方面入手发展智能交通系统。

美国是最早发展智能交通的国家之一。1952 年，美国 Colorado 州的 Denver 城利用模拟计算机和交通检测器对交通信号灯进行实时集中控制，实现了对道路网中的各个交通信号协调控制。20 世纪 60 年代末，美国开发了电子路径导向系统(Electronic Route Guidance System，ERGS)，这是一种车载静态路径诱导系统，可以运用道路与车辆间的双向通信来提供道路导航，是世界上第一个交通信息服务系统。1978 年美国发射了第一颗 GPS 卫星，1984 年开发第一台数字地图汽车导航器，这就是现在最常用的电子导航地图的雏形。20 世纪 80 年代末，美国启动了先进公路技术计划(Program on Advanced Technologies for the Highway，PATH)，首次把汽车导航系统与交通信息系统结合在一起，并进行了公路运营试验。后来，在美国政府的建议下成立了智能车辆道路系统发展计划协调研究机构 Mobility 2000，该机构提出了智能车路系统的概念和建设思路，对随后智能交通系统的建设和发展起到了一定的指导作用。20 世纪 90 年代，美国创立了非营利组织美国智能车辆与道路协会 IVHS America，几年后将其更名为美国智能交通协会 ITS America，将智能交通系统从车和道路延展到一切与交通工具和交通相关的组成。美国交通部出版的《国家智能交通系统项目规划》，正式确定智能交通系统的七大领域和 29 个用户服务功能，并确定了具体的七大领域，如图 5-1 所示。

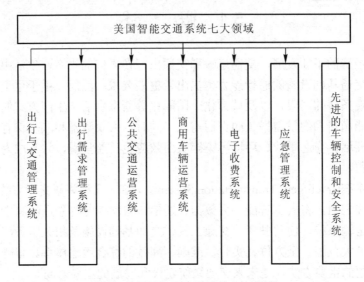

图 5-1　美国智能交通系统七大领域

日本对智能交通系统的研究起始于 20 世纪 70 年代，日本通产省在美国 ERGS 系统的基础上开发了汽车综合控制系统(Comprehensive Automobile Control System，CACS)，该系统是世界上第一个动态路径诱导系统，为后续城市路径引导方法和相关技术方面的研究积累了一定经验。20 世纪 80 年代，日本建设省主导开发路车通信系统(Road/Automobile Communication System，RACS)，实现了位置静态信息和堵塞动态信息的传送，并将该系统升级为先进道路运输系统(Advanced Road Transportation Systems，ARTS)。早在 20 世纪末，日本警察厅就主导开发先进机动车交通信息通信系统(Advanced Mobile Traffic Information and Communication Systems，AMTICS)，实现了交通控制中心与车辆之间的远程通信。日本政府组织警察厅、通产省、运输省、邮政省和建设省五省厅，结合 RACS 和 AMTICS 的成果，开始研发车辆信息与通信系统(Vehicle Information & Communication System，VICS)，三年后在东京试运营获得成功。日本的车辆、道路、交通智能化推进协会(Vehicle, Road and Traffic Intelligence Society, VERTIS)，是由五省厅、民间企业以及学术团体组成，致力于推进智能交通的研发和应用。日本五省厅联合制订发布《智能交通系统的综合构想》，成为日本智能交通系统工作的主体计划，包含九大开发领域和 20 项服务内容，随后发布的《日本智能交通系统结构》又对其进行了完善，具体的九大开发领域如图 5-2 所示。目前，日本政府已基本完成国内智能交通建设的整体框架工作，并据此重点结合日本现有国内情况和国际变化，来使其更能完美的适应日本现状。

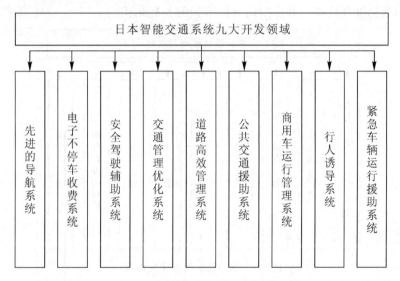

图 5-2　日本智能交通系统九大开发领域

欧洲各国开始智能交通系统的研究也较早，并且在很多方面成就斐然。20 世纪 70 年代，英国运输与道路研究所研制了一种实时自适应交通信号控制系统——绿信比、周期、相位差优化技术，也称为分离式周期相位优化技术系统(Split, Cycle and Offset Optimization Technique, SCOOT)，利用联机的交通模型和相应的控制参数优化程序来优化信号控制器的配时。1987 年挪威西部的海港城市 Alesund，开通了世界上第一个有电子不停车收费 ETC 通道的道路收费站。法国试验应用了交通调频广播信息服务电台，这是最早的交通信息服务系统。欧洲国家密集分布的特点突出了其交通运输一体化建设的必要性，因此智能交通系统开发与应用离不开各国之间的紧密合作。1985 年，在法国前总统 Mitterrand 的提议下，设立了欧洲研究协调局(European Research Coordination Agency, EUREKA)，推动了欧洲智能交通系统的发展，协调了全欧范围内的有效合作。1986 年，欧洲十几家汽车制造商联合提出欧洲高效安全交通系统计划 PROMETHEUS(Program for Europe Traffic with Highest Efficiency and Unprecedented Safety)，确定了四个基础研究开发领域和三个应用研究领域。

20 世纪 80 年代，欧洲开始实施欧洲汽车安全专用道路设施计划(Dedicated Road Infrastructure for Vehicle Safety in Europe，DRIVE)。该计划的第一阶段 DRIVE I，集中于基础研究与标准研究，旨在充分提高道路的交通效率与安全性。第二阶段 DRIVE II，旨在将 DRIVE I 阶段的研究成果付诸实施并建立通用的系统规范。欧洲成立欧洲道路交通远程通信协调组织(European Road Transport Technology Implementation Organization，ERTICO)，它是欧洲智能交通系统的推进组织，对欧洲智能交通的研发与应用监督检查、推动合作。此外，欧洲还推出了研究计划 T-TAP(Trabsport-Telematics Application Programme)，相当于 DRIVE III 的信息处理技术，其主要研究内容如图 5-3 所示。

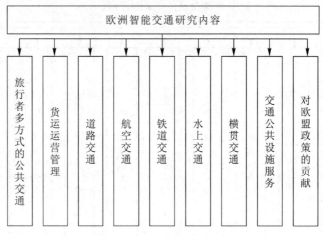

图 5-3　欧洲智能交通研究内容

　　中国的智能交通系统起步较晚，但目前在快速、稳定的发展。中国在道路交通运输和管理中关注电子信息技术应用始于 20 世纪 70 年代。智能交通在发展初期，主要研究集中在如何缓解交通拥堵、提高交通安全等基本方面，努力追赶国际智能交通发展的步伐。1975 年启动"北京市城市交通自动控制项目"，1978 年在北京进行了闭路电视和计算机协调多个路口信号灯的工程试验。20 世纪 80 年代，国家科技攻关项目"津塘疏港公路交通工程研究"首次将计算机技术、通信技术和电子技术用于监控和管理系统。同时，国内一线城市如北京、上海、广州等地开始引入国外先进技术，建设交通控制中心。1995 年，当时的交通部制订了《交通科技发展"九五"计划和到 2010 年长期规划》，对智能交通的重要性进行了系统的描述，提出未来智能交通系统发展的明确目标和实施方案，对中国智能交通系统发展起到了决定性的作用。同年，交通部组团参加了在日本横滨召开的第二届智能交通世界大会，这是中国交通行业第一次正式出现在世界智能交通大会上，从此迈进了国际智能交通系统俱乐部。1997 年 6 月，中国国家科学技术委员会和欧洲智能交通组织 ERTICO 关于通讯和智能交通技术发表联合声明的备忘录，确定了智能交通的合作范围。

21世纪，中国在交通管理智能化、新型载运工具研发、交通大数据应用、交通信息服务等方面有了一定的技术突破。国家开始更加重视智能交通，相关技术飞速发展，形成了一套规范化的行业标准，开始逐步走向了世界的前列。1999年，中国成立了全国智能交通系统协调指导小组及办公室、全国智能交通运输系统专家咨询委员会。在"十一五"期间，中国又制订了国家科技支撑计划重大项目"国家综合智能交通技术集成应用示范"，研究建设智能交通管理与服务综合系统、高速公路联网不停车收费和服务系统、综合智能交通发展模式、评估评价体系等。2003年，公安部发布行业标准《公安交通指挥系统建设技术规范》，为交通指挥中心的建设提供了体系框架与标准支撑。在2006年6月发布的《国家中长期科学和技术发展规划纲要》中，将智能交通管理技术研究列为优先实施主题。

近几年来，随着云计算、移动互联网、大数据、车路协同等技术的成熟，智能交通产业专业化分工日趋明确，增值服务运营成为新的发展目标。智能车辆控制方面，最典型的是百度无人驾驶车。项目于2013年起步，到2015年12月首次实现城市、环路及高速道路混合路况下的全自动驾驶，2018年百度Apollo无人车亮相央视春晚，无人驾驶模式下在港珠澳大桥完成"8"字交叉跑的高难度动作。智能交通管理方面，2016年杭州启动全国首个城市数据大脑建设项目，城市交通管理是其首要环节，通过V1.0时期的试点试验和V2.0时期的延伸发展，杭州在交通治堵方面取得了很大的成就。智能交通信息方面，在手机等移动终端飞速发展的带动下，各种成果百花齐放，比如高德地图等电子地图导航应用、滴滴出行等打车应用、中储智运等货运应用、菜鸟裹裹等物流应用……中国智能交通系统将更广泛应用于各行业和交通环节，从而创造相应的社会经济效益，具有广阔的发展前景。

5.2 智能交通的组成结构及内涵

5.2.1 智能交通系统的组成结构

智能交通包含的范围很广，可以从不同的角度划分成很多的子系统来进行研究。目前，比较公认的智能交通研究和应用领域主要包括智能交通管理系统、智能交通信息服务系统、智能公共交通系统、智能车辆控制系统、商用车辆运营系统、电子不停车收费系统、紧急救援系统，表5-1是各个子系统及它们的主要功能。这里将针对智能交通领域方面重点介绍，深刻体会人工智能给交通领域带来的翻天覆地的变化。

表 5-1　智能交通子系统及主要功能

子系统	主要功能
智能交通管理系统	给交通管理者使用的,用于检测、控制和管理公路交通,在道路、车辆和驾驶员之间提供通讯联系
智能交通信息服务系统	建立在完善的信息网络基础上,为出行者提供准确的道路交通信息、公共交通信息、换乘信息、停车场信息以及与出行相关的其他信息
智能公共交通系统	采用各种智能技术促进公共运输业的发展,使公交系统实现安全便捷、经济、运量大
智能车辆控制系统	利用各种先进的车载设备增强车辆行驶的安全性和高效性,包括视野扩展、车辆防撞、驾乘人员保护、车辆自动驾驶等
商用车辆运营系统	专为大型货运和远程客运开发的服务系统,对车辆进行监控管理,提高商业车辆的运营效率和安全性
电子不停车收费系统	是目前世界上最先进的路桥收费方式,车辆在经过路桥收费站时不需停车就能缴纳费用
紧急救援系统	利用现代科技手段及时发现紧急事件,发布事故相关信息,迅速提供车辆故障现场紧急处置、拖车、现场救护、排除事故车辆等服务

　　另外,智能交通系统可以简单地从管理和服务两个角度进行分析。智能交通管理体系由交通信号控制系统、城市交通流动态诱导系统、交通事件监控系统、应急救援服务系统等联网组成,在交通管理中枢指挥下,使交通运输时刻处于良好的运行状态,是一个高度智能的管理体系。智能交通服务体系由公交信息服务系统、停车信息服务系统、综合枢纽换乘信息服务系统、动态导航信息服务系统等联网组成,面向社会公众或特殊受众群体,提供"无处不在、无时不有、所想即得"的交通信息服务,是一个人性化的服务体系。

　　智能交通系统的纽带是各个子系统之间的信息交换。根据信息系统的特点,可以将智能交通系统划分为四个层次,即基础层、功能层、共享层和服务层,如图 5-4 所示。基础层的主要任务为信息采集,这是首要基础工作,是智能交通应用的起点;功能层对基础层获取的数据进行及时有效的处理,对部分子系统进行管理;传输层主要是信息存储和处理,将前两层得出的信息进行汇集、处理、存储和交换,可以为各种不同的应用场景提高科学的决策依据；服务层中，通过不同渠道对各类有效信息进行分类发布，从而满足各类专业人员或出行用户的信息需求，为其行为或决策提供依据。

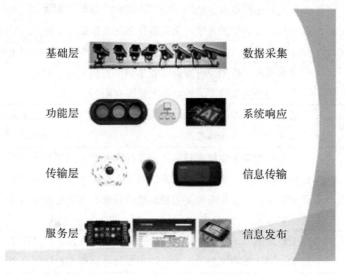

图 5-4　智能交通系统组成结构示意图

5.2.2　智能交通系统基础层

数据采集是关键，是发展智能交通实现管理智能化的前提，也是智能交通的基础层。根据信息变动的频率，交通信息可划分为静态交通信息和动态交通信息两种。静态交通信息是指交通系统中不随时间变化的道路交通信息，主要包括道路网信息、交通管理设施信息等交通基础设施信息，也包括机动车保有量、道路交通量等统计信息以及交通参与者出行规律在时间和空间上相对稳定的信息。动态交通信息是指交通系统中随时间和空间变化的道路交通流信息、交通控制状态信息，以及实时交通环境信息。交通的流动性和实时性，决定了需要采集的信息大都是动态信息，因此交通动态信息的采集是智能交通管理的首要任务。动态交通信息主要是指道路上所有移动物体所具有的特定信息，这些信息根据实际的交通状况时刻变化，主要包括交通流信息和交通事件信息。交通流信息包括交通量、平均车速、占有率和车型等；事件信息包括事件或拥堵的类型和位置等。

主要的交通信息采集的方法有视频图像检测式、感应线圈式、磁映像感应式、微波感应式、超声波感应式、红外线感应式、浮点车采集式等，新型的动态信息采集技术有移动通信、无线射频技术、平流层飞艇等。主要的交通信息采集的方法及特点如表 5-2所示。

表 5-2 主要的交通信息采集的方法

采集方式	特　　点
视频、图像检测式	车速采集精度高，拍摄区域广，能实时获得多车道的机动车信息，管理更为直观，安装维护方便，无须破坏路面。但是，车辆分类精度低，夜晚或能见度低的天气对采集精度影响较大，计算数据量大，空间覆盖面有限
感应线圈式	技术成熟，检测及时准确，利于测车长和车速。但是，不易安装，需破坏路面，维护成本较高，检测数据范围有限
磁映像感应式	适合在不便安装线圈的场合采用，但很难分辨纵向过于靠近的车辆，并且安装费时费力，成本较高
微波、超声波、红外线感应式	对车型数据采集精度较高，安装维修方便，无须破坏路面，但因单点采集信息技术的工作原理与计算方法所限，实际上并不具备交通流量调查地点车速采集功能，设备安装需要增加道路设施，采集精度受风速、气温等自然因素影响较大
浮点车采集式	采集范围广泛且不受外界条件影响，适应性强。但是，信息采集精度变化较大，采集颗粒度较大，而且浮点车数量及密度对计算结果的影响较大
移动通信	不需要额外添加设备，适用范围广，但数据处理量庞大，且涉及隐私等个人因素
无线射频技术	非接触式自动识别技术，无需人工干预，可工作于各种恶劣环境，并可同时识别多个目标对象，操作快捷方便
平流层飞艇	可以进行大范围区域交通的连续观测，非常态条件下的交通应急指挥与调度，以及多源大范围交通数据的快速获取

随着人工智能技术的快速发展，各种交通信息采集手段越来越强大，获取的信息也越来越丰富，所实现的功能也越来越全。譬如，采用深度学习和高清摄像的交通违章抓拍和记录系统，配合 LED 智能补光系统，能够全天候对车辆违法行为进行自动捕获、抓拍、车牌识别、记录、录像，举证。可以实现机动车违反禁止标线指示、遇行人正在通过人行横道时未停车让行、机动车违反禁令标志指示、机动车通过有灯控路口不按所需行进方向驶入导向车道、机动车逆向行驶、驾驶人未按规定使用安全带、驾驶时拨打接听手持电话、驾驶机动车违反道路交通信号灯通行、不按规定会车、不按规定倒车、不避让执行任务的特种车辆、货运机动车驾驶室载人超过核定人数、机动车在发生故障或事故后，不按规定使用灯光、转弯的机动车未让直行的车辆、行人先行、不按规定使用灯光、机动车不在机动车道内行驶、机动车违反规定使用专用车道、路口遇到交通阻塞时未依次等候、通过路口遇停止信号时，停在停止线以内或路口内、超速行驶、号牌不清晰和不完整、故意遮挡

机动车号牌、故意污损机动车号牌、不按规定安装机动车号牌、变更车道时影响正常行驶的机动车共 25 种机动车交通违法行为抓拍。

另外，各类传感器也是动态信息采集的另一手段。以传感器为节点而形成的传感网概念已经越来越被智能交通系统领域所重视。各个节点传感可测的信息可以是温度、湿度，也可以为实时交通量信息，甚至有异常状况所引起的拥堵，将各个节点的信息汇总到控制中心加以分析整理，并形成决策，及时做出响应，从而达到实时交通控制的目的。

动态信息采集技术是以感知技术为基础，利用交通信息感知网对各项业务数据信息进行感知与收集。整体技术系统又可以分为身份识别感知、行为感知、车辆运行感知三部分。其中，身份识别技术是以视频图像、RFID 技术为基础的驾驶员以及车辆识别技术，通过对汽车专用电子标签进行储存的方式，对汽车基本身份信息以及动态运行信息进行识别，能够为车辆信息采集以及车辆精准识别提供可靠的数据支持。车牌识别技术可以对车辆牌照进行识别，也可以识别出车主、车型等一系列信息。行为感知技术，是以视频监控和智能分析为基础的行为感知体系，能对所采集的数据信息进行统计与分析，提炼出相应的交通信息内容，监控道路各种突发事件。车辆运行感知技术可以采集道路事件信息、交通流等数据，为交通诱导和控制提供数据支持，还可以感知道路损毁、交通拥堵等状况，为智能管控做好铺垫。

另外，在大数据、云计算、人工智能等新一代信息技术快速发展的大背景下，城市大脑、智慧城市等智能项目的实施，进一步丰富了交通信息的来源和渠道。

5.2.3　智能交通系统功能层

智能交通功能层主要是实现系统中各子系统的智能管理，及时有效地进行交通信息处理，提高交通系统运行效率。智能交通系统能够通过对高科技手段的运用，构建高效的交通监控系统，及时、准确地进行信息处理、研判，以及高效的交通控制、交通执行功能系统，都能达到对交通事件进行有效响应，进行交通组织优化以及通过调节、诱导、分流以达到保障交通安全与畅通的目的。

目前，智能交通系统功能层主要由控制中心、数据传输、路口信号机、信号灯等组成。控制中心能够实现对交通控制系统业务的综合处理，对采集到的数据信息进行集中分析，运用智能控制策略，完成对信号的管理与协调。数据传输是指交通现场设备与控制中心之间的信号传输，而路口信号机则拥有较多的功能，不仅要负责本地感应控制工作，还要协调控制、上传交通数据。路口信号灯主要设置在各种交通路口，主要可分为路段信号灯和路口信号灯两种。其中，路段信号灯会设置在人行道上，且会与上下游路口进行协调与配合，完成相应交通管制。两种信号灯会与信号控制体系相互配合，通过实时监控的方式，对交通流信息进行动态化采集，实现智能化、科学化的交通信号控制模式。

智能化的交通信息分析研判系统可以通过对采集到交通数据信息进行整理、融合、挖掘分析，达到分析准确、决策科学、效率提升、责任明确的目的，为交通相关部门提供决策依据。智能交通系统的分析研判采用了大数据、深度分析、神经网络等技术，能实现跨时段、跨区域、跨部门、跨行业的交通信息学习和训练，实现对交通运行、安全、监管、资源优化配置等整体态势的评估、分析。

另外，通过类人脑的感知、认知、协调、学习、控制、决策、反馈、创新创造等综合智能应用，对交通信息进行深度分析、综合研判、精准决策、系统应用、循环优化，更好地实现对交通系统信息的处理和管理。

5.2.4 智能交通系统传输层

智能交通系统传输层是智能交通系统中实现信息传递、交换的重要手段，承担着为智能交通系统提供可靠信息传输通道的重要任务。智能交通系统传输主要包括运输企业、出行者、车辆、道路、交通信息服务中心之间的信息传输，应用层之间的信息交换和共享，还涉及相关国家和国际信息系统之间的信息交换与共享。

按信号传输方向分类，智能交通系统传输层中信号传输主要有上行和下行两种。上行方向信号传输是指从各个交通现场到交通指挥中心方向，或下级各分交通指挥中心到上级交通指挥中心方向上的信号传输。这类信号中，无论是需要实时传送的信号，还是不需要实时传送的信号的带宽要求都很宽。下行方向信号传输是指从交通指挥中心到各个监控现场的方向，或上级各分交通指挥中心到下级交通指挥中心方向上的信号传输。这类信号中，无论是需要实时传送的信号，还是不需要实时传送的信号的带宽要求都较窄。

按数据传输内容分类，智能交通系统传输层中信号有交通检测数据、违章检测数据、交通控制信号、交通诱导信号。交通检测数据和违章检测数据属于上行方向的交通数据。其中，交通检测数据主要是有线圈检测器、微波检测器和视频检测器采集到的交通流量、占有率、车速、车型等交通检测数据；违章检测数据是由超速违章自动监测系统、闯红灯自动监测系统等电子警察组成的交通违章自动监测系统采集到的违章车辆的图片和违章信息等。交通控制信号和交通诱导信号属于下行方向的交通数据。其中，交通控制信号主要是指由交通信号控制系统、控制中心发往各个现场的交通信号控制机的控制信号；交通诱导信号主要是指交通诱导系统发布的行车信息，以及停车服务、泊车地点路线、加油、计费情况等交通诱导信息。

按数据传输网络类型分类，智能交通系统传输层数据信息传输主要有无线传输和有线传输两种方式。无线传输主要有无线高保真(Wireless Fidelity，WIFI)、全球移动通信系统(Global System For Mobile Communication，GSM)、码分多址技术(Code Division Multiple Access，CDMA)、蜂窝式数字分组数据(Cellular Digital Packet Date，CDPD)。有线传输主要有 Internet、综合业务数字网(Integrated Services digital Network，ISDN)、异步传输模式 (Asynchronous Tim(division multiplexing，ATM)、光纤分布式数据接口(Fiber Distributed Data Interface，FDDI)。

另外，车路协同系统是近年出现的一种新型交通信息获取和传输形式，主要基于智能传感和无线通信技术，实现车辆和道路基础设施之间以及车车之间的实现信息感知、传输、共享，并达到智能协同与配合，从而保障在复杂交通环境下车辆行驶安全、实现道路交通主动控制、提高路网运行效率。

除了物理层面因素，对于智能交通系统传输层还应从行政角度考虑，保障多职能部门之间要实现统一的智能交通规划和管理，共享交通信息资源，有效进行交通信息合作，保障交通信息传输的通畅性、提高信息管理透明性、确保交通信息发布的权威性。

此外，标准规范也是智能交通系统传输层、共享平台的重要组成部分和重点建设内容，智能交通信息的采集、整理、加工、应用都离不开标准规范的约束。

5.2.5　智能交通系统服务层

智能交通信息服务的目标是实现 5A，即任何出行者(Anyone)，在任何时间(Anytime)、任何地点(Anywhere)，通过任何接收设备(Any device)，均可实时获取所关注的任何交通信息(Any Traffic Information)，5A 目标通过交通信息的发布来实现。交通信息发布系统是智能交通系统中直接面向用户的系统，是智能交通系统与用户之间交互的媒介，主要作用是将交通疏导信息发布给终端。表 5-3 是交通信息的主要发布方式的特点及功能。

表 5-3　主要信息发布方式特点及功能

信号发布方式	特点及功能
车载终端	主要包括车内移动数字电视、LED 信息显示屏等发布终端，它们除了具有普通车载终端的功能外，还具有接收无线数字电视信号、播放数字电视节目等功能
电子站牌	主要向用户提供车辆实时运行位置及下班车预计到达时间等，为用户合理选择乘车线路、安排候车时间提供方便，提高交通服务水平
查询终端	一般在快速交通、地铁、轻轨的车站和智能交通站台上安装，用户可以通过交互的方式查询出行所需的交通信息
交通广播	通过交通广播电台，交通信息服务部门可以把交通运营信息、路况、铁路、民航信息和其他服务信息提供给用户，使出行者尽早确定行驶路线
交通电子屏	也称城市交通疏导信息电子屏，通过接入信息交换平台与交通指挥调度中心、交通信息处理中心或其他信息服务中心连接，主要是向城市道路上运行的车辆提供运行状况、天气、道路施工等信息

第 5 章　智能交通

信号发布方式	特点及功能
短信服务平台	由出行者的移动通信终端、交通信息处理中心和后台数据库组成。用户通过网站或手机短信定制自己的需求信息，后台将信息以短信形式发送到用户短信终端
Web 网站	利用网络技术在网站上发布交通信息，用户能从任意一台连接互联网的计算机上浏览到相关交通信息。具有使用方便、管理运营成本低、信息共享、扩充空间大等特点
移动 App	依托不同的 App，进行定制化开发，能够针对特定用户，提升服务效率

　　不同的信息服务方式一般也会要求不同的技术支撑，涉及网络、系统软硬件、专用设备、支撑平台、场地的建设和安装等。智能交通系统的服务涉及多类用户，集成度不断增强，但是用户的能力和水平参差不齐，因此，系统不但要具备多元化服务的能力，还得具有易用性，在用户界面上尽量友好，操作简单，力争能够服务到参与交通的每一个用户。另外，在系统平台的打造上，还要保障系统公用信息的开放性、数据的可靠性、系统的安全性、个人信息的隐私性和保密性。

5.3　智 能 汽 车

　　智能汽车是指依靠人工智能技术、控制技术和网络技术，实现车内信息采集系统、多传感器信息融合系统、智能驾驶系统的互联互通，辅助驾驶员，或在驾驶员辅助下，甚至无驾驶员的情况下，使汽车完成启动、导航、行驶、停靠、避让等行为中一个或多个操作。

　　智能汽车根据智能等级的不同，可以划分为 Level-0、Level-1、Level-2、Level-3、Level-4、Level-5 共六个级别，简称为 L0、L1、L2、L3、L4、L5。其中，L0 为最低级别，L5 为最高智能级别。这是汽车工程师学会(Society of Automotive Engineers，SAE)在其发布的标准 J3016 文件中提出的，也是被汽车行业普遍采用的行业标准。另外，对于航空、航海等智能驾驶工具的等级分类也有一定的借鉴价值。

　　在标准 J3016 文件中，将 L0 定义为无智能驾驶，即交通工具仍由驾驶员执行全部的动态驾驶操作任务。当然，在行驶过程中驾驶者可以得到相关系统的警告和保护系统的辅助，交通工具可以包含一些主动安全装置。L1 定义为驾驶辅助，是指在适用的设计范围下，驾驶系统只可持续执行横向或纵向的车辆运动控制的某一子任务，由驾驶员执行其他的动态驾驶任务。就是可以通过驾驶环境信息对方向盘或加减速中的一项操作提供驾驶辅助，其他的驾驶操作仍由人类驾驶者来完成。

L2 定义为部分自动驾驶，是指在适用的设计范围下，自动驾驶系统可持续执行横向或纵向的车辆运动控制任务，驾驶者负责执行物体和事件的探测及响应任务并监督自动驾驶系统。这个级别的系统可以处理少数高频通用驾驶场景，其余由人类完成，驾驶者需要实时监控并做好接管车辆的准备。L2 和 L1 之间的区别是系统能否"同时"在车辆横向和纵向上进行控制。目前，汽车市场中车道保持、定速巡航和自适应巡航等辅助驾驶技术就是属于这个级别的。

L3 定义为有条件自动驾驶，是指在适用的设计范围下，自动驾驶系统可以持续执行完整的动态驾驶任务，驾驶者需要在系统失效时接受系统的干预请求，并及时做出响应。其中，有条件自动驾驶是指在高速公路等某些特定场景下进行自动驾驶，人类驾驶者还是需要监控驾驶活动。L3 级是"智能辅助驾驶"与"自动驾驶"的区分界线，也是智能驾驶技术的一个分水岭。该技术实现了在低速场景下，人工智能可以完全代替驾驶者自动操控驾驶车辆，解放驾驶者双手。目前，吉利汽车研发的搭载 G-Pilot 系列车型，就属于 L3 这个级别，相关技术应该是近 3 到 5 年的研发重点。

L4 定义为高度自动驾驶，是指在适用的设计范围下，自动驾驶系统可以自动执行完整的动态驾驶任务和动态驾驶任务支援，用户无需对系统请求做出回应。L4 级别的智能驾驶准确性和精确性需要达到、甚至超过人类的认知水平，因此要求智能系统具有更高的鲁棒性。

L5 定义是完全自动驾驶，自动驾驶系统能在所有道路环境下执行完整的动态驾驶任务和动态驾驶任务支援，无需人类驾驶者的介入，即完全无人驾驶状态。L5 是 SAE J3016 标准中智能驾驶等级最高的级别。

目前，智能汽车中比较成熟的智能辅助驾驶系统主要有前防撞预警系统、自动泊车系统、车道偏离预警系统、行人保护预警系统、盲区监测系统、自适应巡航系统、疲劳驾驶检测系统、智能灯光控制系统、交通标志识别系统、驾驶模式智能切换系统等。

前防撞预警系统主要用来预警车辆前方存在碰撞障碍物的可能性，而且预警的方向特指车体的前方。由于采用了雷达、激光、红外线、图像等传感器，可对车辆前方一定距离内的障碍物进行精准探测，并实时将探测结果传递给中央处理器，再根据危险级别实时向预警系统及制动系统下达报警指令和制动指令。当车体与前方障碍物距离小于安全距离时，系统会根据危险等级进行自动报警提醒，并对车辆进行自动减速、自动刹车，避免或减少对人、财、物的伤害程度。另外，前防撞预警系统可全天候、长时间稳定运行，大大地提高了汽车驾驶的安全性。

智能泊车系统是一种可以实现车位自动识别，并自动完成停车入位动作的智能汽车辅助驾驶系统，主要由环境数据采集、智能策略优化和车辆策略控制等系统组成。其中，环境数据采集系统包括图像采集系统和车载距离探测系统，可采集图像数据及周围物体距车身的距离数据，并通过数据线传输给处理器。智能策略优化可将采集到的数据分析处理后，得出汽车的当前位置、目标位置以及周围的环境参数，依据上述参数优化，并做出自动泊车策略。车辆策略控制系统接收电信号后，依据指令做出汽车的行驶操控，如角度、方向及动力支援等。车辆周围的雷达探头不断测量自身与周围物体之间的距离和角度，然后通过处理器动态规划、制定出实时操作流程，并配合车速调整车辆的行驶，实现自动泊车功能。目前，一些生产商研发的智能泊车系统已经可以实现主动搜索车位、车内一键泊车、车外遥控泊车，适用于水平泊车、垂直泊车、斜列式泊车等停车场景。

车道偏离预警系统主要由图像摄像机、智能感知器、智能处理器、控制器、报警器等组成，可通过声、光、电、图像等方式进行预警，并可控制车辆或辅助驾驶员进行驾驶，使汽车保持正常行车路线，避免压线、跨线等危险驾驶情况，保证车辆在正确车道行驶，减少了因车道偏离而发生交通事故的可能性。车道偏离系统开启时，图像摄像机会实时采集行驶车道的标识线，通过图像处理获得汽车在当前车道中的位置参数。当汽车偏离车道时，图像摄像机和智能感知器会立即采集到车道和车辆位置信息，经处理器处理分析后，车道偏离预警系统会发出警示信号，高级系统会主动接管车辆，甚至操控车辆调整回正常车道。如果驾驶者打开转向灯，正常进行变线行驶，那么车道偏离预警系统不会做出任何响应。另外，许多汽车生产商研制了红外线感知器，通过红外线收集信号来分析车道状况，即使在雨雪天气或能见度不高的情况下，也能正常预警车道偏离情况。

行人保护预警系统是一种能够通过图像传感器或雷达等探测器感知前方区域，对路面上的行人进行探测识别，避免碰撞行人，及时为驾驶员预警，甚至可以自主制动。当系统检测到行人时，会通过视觉和声音向驾驶员发出预警，如果在一定探测距离内驾驶员没有及时回应，智能系统也会自主制动。作为一种安全辅助驾驶系统，行人保护预警系统可以有效辅助驾驶，减少交通事故的发生。目前，一些汽车生产商为新款车型配备了行人保护预警系统，能够检测车辆前方 120 米处，水平方向检测角为 35°范围内的行人存在状况。

盲点监测系统又称为并线辅助系统，可以通过图像、微波雷达等感知器探测车辆两侧盲区内的车辆，对车辆及驾驶员发出可以并线，或禁止并线的预警，避免在行驶或变道过程中，由于观后镜、后视镜存在盲区而发生的交通事故。盲点监测系统作为一种安全驾驶智能辅助系统，在低速状态时能够覆盖车身周围 360°路况，有效减少并线安全隐患和判断的不确定性。尤其在大雨、大雾、夜间等天气环境下，可以有效提高行驶的安全性。

自适应巡航系统主要由雷达测速传感器、图像传感器、处理器和智能控制模块组成，利用障碍物反射毫米波雷达电磁波确定距离、时间差、频率偏移及相对速度，自动调节当前行车速度，保持与前车的安全行驶距离。智能化的自适应巡航系统，可以在特定环境下代替驾驶员控制车速，设置一定的巡航速度，避免了长时间对油门的操作和控制，使驾驶人员完全可以将脚从踏板上移开，只要关注于车辆方向即可，能大幅降低长途、高速驾驶所带来的疲劳，提供了一种更轻松的驾驶方式。

疲劳和危险驾驶预警系统是一种基于驾驶员生理反应特征的驾驶人疲劳和危险驾驶行为监测预警系统，主要由图像传感器、智能处理器、预警和智能控制模块组成。系统通过识别驾驶员的面部特征、眼部信号、头部运动、肢体运动等特征来判断驾驶员的疲劳状态和驾驶行为，并进行报警提示和采取相应措施。目前，许多驾驶预警系统可准确识别打哈欠、闭眼、眯眼睛等疲劳相关动作，以及打电话、抽烟、喝水、左顾右盼、未系安全带等危险驾驶行为。预警系统将会对此类行为进行及时的分析，并以语音、灯光形式警示驾驶员，调整驾驶状态或纠正驾驶行为。有些疲劳和危险驾驶预警系统会通过无线网络远程传送至终端保存，甚至告知紧急联系人，或相关监管部门进行相关提醒或处罚。

除过传统的汽车生产商，像 Google、Apple、百度、腾讯、华为、阿里巴巴等国际互联网和通信企业也都成立了独立的智能汽车业务部门，专门进行智能驾驶等业务的拓展，可见智能驾驶发展前景诱人。图 5-5、5-6 分别是百度和 Google 的智能汽车。相信随着人工智能、网络、芯片技术的快速发展，智能驾驶功能会不断集成、提高和健全，在不久的将来会给人们带来更多、更好、更安全的智能体验。

图 5-5　百度的智能汽车　　　　图 5-6　Google 的智能汽车

5.4　智能交通的典型应用

5.4.1　电子不停车收费系统

电子不停车收费(Electronic Toll Collection，ETC)系统是目前最先进的路桥收费方式。安装在车辆挡风玻璃上的车载电子标签与在收费站 ETC 车道上的微波天线进行无线通信，利用计算机联网技术与银行进行后台结算，从而达到车辆通过路桥收费站时无需减速或停车就能完成缴费的目的。图 5-7 是拥有 ETC 通道的高速公路路口。

图 5-7　高速公路的 ETC 车道

　　ETC 系统由前端系统和后台系统组成，如图 5-8 所示，主要利用车辆自动识别技术，通过路测单元与车载单元进行相互通信和信息交换，以达到对车辆自动识别，并自动从该用户的专用账户中扣除通行费，实现自动收费。

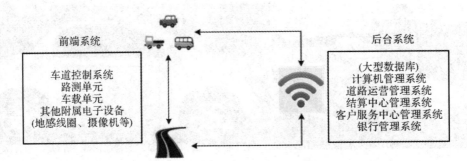

前端系统

车道控制系统
路测单元
车载单元
其他附属电子设备
(地感线圈、摄像机等)

后台系统

(大型数据库)
计算机管理系统
道路运营管理系统
结算中心管理系统
客户服务中心管理系统
银行管理系统

图 5-8　ETC 系统结构图

　　当车辆进入 ETC 车道有效通信范围后，感知器会感知到车辆，然后触发车道控制系统的射频读写器和射频天线，向车道的特定区域发出微波信号，唤醒电子标签。电子标签由休眠状态进入工作状态，发射车牌号码、车辆类型等车辆标识信息和入口收费站号、用户电子账户信息等收费数据。车道控制系统读写器接受电子标签发射的数据，对获取的车辆识别信息进行合法性验证，若通过验证则进行支付辅助信息验证，计算支付额并传输支付记录。对于未通过验证的非法车辆，车道控制系统会控制自动栏杆拒绝其通过，抓拍车辆图像传送给后台系统报警。整个 ETC 通过前端系统和后台系统的配合，实现了不停车收费管理。

　　ETC 允许车辆以高于 100 km/h 的速度通过，提高了公路的通行能力，从而可以相应缩小收费站的规模，节约基建费用和管理费用。另外，ETC 可以全天候无人监管不间断工作，车道过车和银行托收都由系统自动实现。公路收费走向电子化，可降低收费管理的成本，有利于提高车辆的运营效益。同时，也可以降低收费口的噪声水平和废气排放。

2019 年 5 月，国务院印发《深化收费公路制度改革，取消高速公路省界收费站实施方案》，按照"远近结合、统筹谋划，科学设计、有序推进，安全稳定、提效降费"的原则，计划两年内基本取消全国高速公路省界收费站，提高智能交通水平，提升人民群众的获得感、幸福感和安全感。截止 2019 年 12 月 4 日，中国 ETC 客户累积达到了 18101.24 万。

5.4.2 杭州市智能交通系统

杭州风景秀丽，素有"人间天堂"的美誉，古往今来文人骚客在此留下的佳作数不胜数。然而，受地理条件限制，杭州城市空间狭窄，城区景区叠加，加上机动车保有量逐年攀升，交通供需矛盾日益突出，传统治堵模式已不能完全适应新时代，亟须找到城市治堵的新路径。

2016 年 12 月，杭州市正式启动城市大脑项目，该项目的首要工作就是建立智能交通系统，解决城市拥堵问题。城市大脑打通政府部门和企业之间的信息关卡，利用丰富的城市数据资源，对城市进行全局即时分析，有效调配公共资源，不断完善社会治理，最终改善人民的交通出行。

城市大脑由超大规模计算平台和城市大脑智能内核组成。城市大脑涉及的数据量巨大，数据计算平台采用飞天超大规模通用计算操作系统，可以将百万级的服务器连成一台超级计算机，提供源源不断的计算能力。城市大脑智能内核如图 5-9 所示。

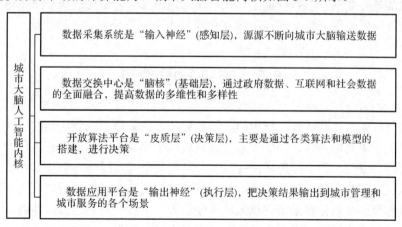

图 5-9　城市大脑人工智能内核

2017 年 7 月杭州城市大脑交通 1.0 平台上线运行，在 10 月召开的 2017 云栖大会上正式对外发布。城市大脑 1.0 阶段在杭州市选取了两个试点。第一个试点为曾经被高德地图评为全国最拥堵、高峰时间时速最低的快速路——中河-上塘高架和莫干山路；第二个试点为萧山区5平方公里区域。经过城市大脑半年的实践，中河-上塘高速平均延误降低15.3%，出行时间节省了4.6分钟；莫干山路平均延误降低8.5%，出行时间节省了1分钟；萧山区5平方公里的试点范围内平均通行速度提升超过15%，平均节省出行时间3分钟。消防车、急救车等应急车辆可以实现一路护航，通行速度最高提升超过50%，救援到达时间平均减少了7分钟。

2018年9月19日，备受关注的城市大脑又有新的突破。在2018杭州云栖大会上，杭州城市大脑2.0正式发布，杭州城市大脑管辖范围扩大了28倍。杭州主城限行区域全部接入大脑，此外还有余杭区临平、未来科技城两个试点区域及萧山城区，总计420平方公里。杭州市59个高架匝道交通信号灯已由人工智能算法技术接管，通过2分钟、4分钟、6分钟的不断学习、反馈和评价，不断优化配时方案，实现信号控制效果的"螺旋式"上升，有效提高了通行效率。3400路监控器参与智能巡检，每2分钟便对城市道路交通状况进行一次扫描，还实现了主动报警、主动处置的完整闭环。城市大脑2.0版本能自动发现套牌改装、乱停乱放等110种警情，并进行规律性分析，找出堵点、乱点、事故隐患点，日均自动发现警情3万余起，准确率高达95%以上。通过手持的移动终端，它甚至可以直接指挥杭州市的200多名交警，派交警机动队去现场处置交通事故。同时，城市大脑2.0版还支持杭州市各区、县的分域应用，在改善交通、服务民生方面，实现了包括掌握全局交通态势、警情闭环处置、实施人工智能配时、拓展民生服务渠道在内的四项新突破。通过多元数据智能融合，城市大脑2.0版提取了拥堵指数、延误指数等七项能够反映城市交通运行是否健康的核心数据，以数据量化形式精准刻画出实时、全局的城市交通态势，为公安交警部门指挥调度提供可靠支撑。2018年杭州城市大脑荣获亚太区智慧城市交通组大奖。

5.5 未来发展趋势

交通出行作为衣、食、住、行中的一个重要环节，直接影响到人们的生活品质，也是政府发展民生最重要的内容之一。未来交通发展何去何从？也许是仁者见仁、智者见智，但是方便快捷、安全可靠、绿色环保应该是未来智能交通发展的三个基本方面。

方便快捷是智能交通发展的主要目标。目前，自适应交通灯等智能交通管理系统，电子地图导航等智能交通信息系统都极大地方便了人们出行和货物运输。然而，人们对于方便快捷的追求是无止境的，现有交通运输对驾驶人员、管理人员的依赖还很强，比如驾驶汽车需要学习交通规则、考取驾驶证，维持交通秩序需要交通警察的工作，智能交通系统还有很大的提升空间。发展无人驾驶技术，加强交通管理智能化，开发交通信息共享平台，不断发展智能交通，能使出行、运输变得更加方便快捷。

安全可靠是发展智能交通的基本前提。交通安全涉及交通系统的多个要素，比如车况、路况、驾驶者状况等，仅仅从单一因素改进提升交通安全水平非常有限。未来智能交通系统要利用人工智能等高新技术来分析事故成因、演化规律、管控策略以及设计主动安全技术和管理方法，通过人-车-路多因素协调实现交通安全运行防控一体化，避免和减少交通事故的发生，提高交通安全水平。

绿色环保也是智能交通的发展基本条件。交通运输业是石油、天然气等不可再生能源的消耗大户，也是二氧化碳等温室气体的主要来源之一。城市交通运输业的发展更是让我们面临更大的能源环境压力，因此智能交通系统建设走一条资源节约型、环境友好型的可持续发展之路，成为当前的重要课题。"绿水青山就是金山银山"。目前，我们在绿色交通方面采取了一些行之有效的措施，如加强公共交通建设、推广不停车收费系统、鼓励用纯电动或混合能源的汽车等。然而，要想智能交通系统彻底实现绿色环保的目标，无论是理论支持还是技术支撑方面，都还有很长的路要走。

想象一下，在更加遥远的未来，也许现在的人-车-路系统将不再成立。那时海底、陆面、空中所有没有被占用的空间都可以作为"路"，来供人或者货物的传送。凡是可以承载人或货物的物品，都可以用作传送工具，相当于现在的"车"。路口的交通信号灯、交错的道路、加油加气站等实体交通设施都将不复存在。传送工具在工作的同时，可以通过互联网、传感器等接收到所有需要的信息，可以通过无线充电、太阳能等获取所需的能量。至于驾驶者，传送工具可以完成一切工作了，还需要他们的存在吗？

习　　题

1. 简述智能交通系统的定义。
2. 智能交通系统的研究和应用领域有哪些？
3. 画出智能交通系统的结构图，并说明其组成。
4. 智能交通系统中应用的信息采集技术有哪些？
5. 阐述智能交通功能层的组成及功能。
6. 简述智能交通系统传输层中信息的传输方向和内容。
7. 阐述 SAE J3016 标准中智能驾驶是如何划分的？
8. 根据目前汽车市场，说明人工智能技术在智能汽车中的应用情况。
9. 简述电子不停车收费系统(ETC)的工作原理。
10. 结合学习内容，展望未来智能交通的发展趋势。

参 考 文 献

[1] MILES J C，陈干. 智能交通系统手册[M]. 北京：人民交通出版社，2007.

[2] 陆化普. 智能交通系统概论[M]. 北京: 中国铁道出版社，2004.

[3] 王笑京. 中国智能交通发展回眸(一) 智能交通系统的起步岁月[J]. 中国交通信息
化，2018，225(12)：9-12.

[4] 王笑京. 中国智能交通发展史[J]. 中国公路，2018(18)：31-33.

[5] 文常保，茹锋. 人工神经网络理论及应用[M]. 西安：西安电子科技大学出版社，2019.

[6] 腾讯研究院. 中国信通院互联网法律研究中心. 人工智能[M]. 北京: 中国人民大学
出版社，2017.

[7] Luger，GEORGE F. Artificial Intelligence：Structures and Strategies for Complex
Problem Solving[M]. Pearson Education Limited，2008.

[8] Hudson，VALERIE M. Artificial Intelligence and International Politics[M].Routledge，
2019.

人工智能概论

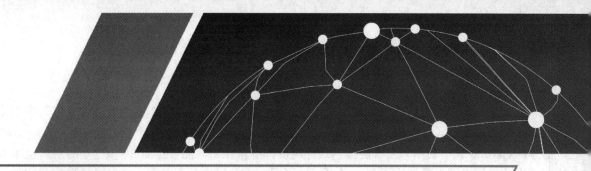

第6章　电力系统智能化

6.1　概　　述

电力系统是指由发电厂、送变装置、输电线路、供配电装置和负荷用电器组成的电能产生、输送与使用系统。实现将自然界的煤炭、水、风、光、核燃料等一次能源通过发电动力装置转化成电能，再经输电、变电和配电等环节将电能供应到各种负荷电器。

随着电气化、信息化、智能化进程的加快，人们对电能的依赖越来越强，对电力系统的要求也越来越高。提供运行安全、供给稳定、品质优良、节能高效的电能，成为电力系统的重要任务。电力系统与人工智能技术结合，可以充分利用自然能源，优化线路及电能传输，及时、准确地检测各类因素对电力系统的影响，实现智能调度、高效传输、合理配置，有效平衡电力系统的安全性和经济性。同时，电力系统智能化不仅会促进传统电力技术的升级换代，而且还将为电力系统的生产、运营、维护和管理带来颠覆性的革命。

目前，人工智能技术已经在电力系统中的电力能源生产、安全控制、运行维护、负荷供给、市场交易等各个领域得到了广泛的应用，如图 6-1 所示，基本形成了智能发电、智能输电、智能变电、智能配电、智能用电的全电力系统覆盖。

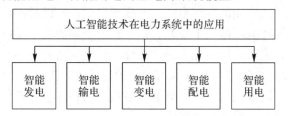

图 6-1　人工智能技术在电力系统中的应用

1. 电力能源生产领域

在电力能源生产领域，人工智能技术已经在发电功率预测、电能生产、可再生能源储能协同等各个环节得到广泛应用。

在众多可再生能源中，风力发电是一种近乎取之不竭、分布广泛、储量丰富、绿色无污染的发电方式，但由于风向、风速的易变性、不稳定性，它的产能很难预测。Google 的 DeepMind 公司利用人工智能技术进行风能源产量预测，能够提前 30 多个小时对风电场输出功率等电网参数做出预测，可更好地调配、满足用户电力需求，也使风能供应商的收入提高了近 20%。

IBM 公司已为全球数百个太阳能和风能项目提供电能预测技术。英国国家电网也开始研究如何应用人工智能平衡英国电网的能源供应。未来电力系统中电力能源生产的发展主要在于能源的优化和预测，而人工智能正好能够针对能源生产、能源电网平衡和消费习惯等方面提供独特的解决方案。全球四大石油化工公司之一的法国 Total 公司已与 Google 公司和 Microsoft 公司等技术巨头合作，在能源生产领域展开数字技术，尤其是人工智能技术的应用研究，解决如何将复杂的算法应用到油气领域，优化勘探、生产、销售等环节。英国石油公司还投资研发人工智能技术，试图结合技术数据和自然环境数据，优化钻井作业流程。可以预测，人工智能将成为电力系统的重要组成部分，将广泛应用于电力生产、电能传输和电能消费的各个领域。

人工智能技术可以协助能源生产商和政府管理部门改变能源组合，调整化石能源使用量，增加可再生资源的产量，并且将可再生能源的自燃间歇性影响降到最低。生产者也将能够对多个来源产生的能源输出进行智能管理和调配，以便实时匹配社会、空间、实践的需求变化。

2. 电力系统安全控制领域

在电力系统安全控制领域，人工智能技术的应用主要集中在电力系统状态监测、安全评估、风险决策、系统优化和智能调度等方面。

电力系统的安全稳定运行关系到一个国家的国民经济发展，已与经济社会发展、人民生活改善、构建和谐社会等息息相关，涉及整个社会的发展和稳定。因此，保证供电系统的稳定安全运行，不仅能够防止可能存在的电力安全事故，而且具有重要的经济和社会意义。

然而，电力系统涉及电能的生产电厂、升压变电站、输送线路、降压变电站、配电线路、用户等多个单位和环节，是一个集产、供、销于一体的庞大系统。而且由于电力能源的独特性，它的生产、输送、使用几乎是一次性、同时完成的，并要求随时、随地处于平衡。这就要求电力能源的产、输、用必须有极高的连续性，任何一个环节发生事故或中断，都可能带来连锁反应，造成电力系统的瘫痪，以及大面积停电、设备损坏、人身伤亡等，甚至造成整个电力系统崩溃的灾难性事件。

将人工智能技术应用于电力系统安全控制领域，不仅可以全面、实时、无距离监控电力系统各个环节的技术参数和生产状况，而且可以通过对系统历史大数据的自学习和评估，预测系统可能存在的安全问题和风险，并进行评估和决策，使隐患消除于未然。另外，由于电力系统各个环节自动化、无人化、智能化值守系统使用率的大幅提高，人力资本的投入得到了大幅减少，人为失误、人员伤亡事故的发生概率也在大幅降低。

电力调度一直都是保障电力系统安全稳定运行、可靠供电、各电力生产工作有序进行的重要手段，也是电力系统中一个重要的领域。另外，电力能源的发、输、配、变、用几乎在同一时间完成，故要求调度人员时刻关注各节点电压、电流、有功无功等关键数据，调度室需24小时值班。因此，传统上对调度人员的细致性、认真性、专业性和管理能力要求都非常高。将人工智能融入电力系统后，电力调度系统可以通过大数据、计算机网络技术，实时掌握整个电网运行状况，并及时给出最优的电力调度方案，合理控制电力能源供给，保证电网安全经济运行，实现电力资源和生产的智能调度。

3. 运行维护领域

在运行维护领域，人工智能技术的应用主要有电力系统故障诊断、监控、无人巡检等。

电力系统是由发电机组、变压器、传输线、用电器等设备组成的一个庞大系统，构成设备种类繁多、功能复杂、影响因素众多，而且随着电力系统的规模越来越大，结构越来越复杂，发生和出现故障问题是不可避免的。因此，在电力系统运行维护中对可能出现的故障进行巡检和诊断，甚至不停电进行检测都是日常工作。

随着人工智能技术在电力系统运行维护领域的深入运用，一些运行维护无人机、巡检机器人逐渐代替人类完成了高压、高空等高危运行维护作业工作，很好地解决了人工巡检所遇到的棘手问题，突破了人工巡检工作的时间、空间局限性，降低了人力成本，可以实现线路巡检全覆盖，而且效率与人工相比得到了大幅提升。

目前，中国国家电网在电力巡检领域使用了多旋翼无人机，各下属单位共配有各类型无人机近万余架，无人机年度累计巡检杆塔超过21万次。电力巡检机器人市场也是朝气蓬勃，两栖带电作业机器人、特高压带电作业机器人等已经陆续面世，这些机器人装备了高清摄像云台、作业臂的智能系统，能够替代人工完成线路巡视、检测绝缘子串、更换防震锤等高难度动作。带电作业机器人的运用，大幅度提高了作业的效率和安全性。在将来，这些带电机器人有望完全替代人工完成带电检修任务。另外，电力巡检无人机、机器人通过高精度定位，以及人工智能语音、图像等识别技术，不仅可以在恶劣的自然环境下完成人工很难完成的作业，通过规模化作业，大幅度提高作业效率，而且通过深度学习技术，能够针对台风等自然灾害进行电网灾害动态风险评估，减少和预防电力系统故障的出现次数和频率。

智能巡检系统通过建立配电网络仿真模型，模拟配电网络运行，实现无人值班。实时采集各回路、设备的电流、电压、功率、电能，以及谐波、电压波动等参数，可根据顺序事件记录、波形记录、故障录波，实现快速故障分析，定位和排除问题，实现变电配电站视频无缝接入。当变电站发生事故跳闸等紧急情况时，系统立即自动调用现场画面，调整摄像机姿态，捕捉现场目标。

电力系统发生故障后，人工智能系统可以自动对电网故障进行分析，通过对历史数据和调度运行经验的学习，调度员只需要进行最后判断和决策，甚至无需任何动作，就能完成对线路故障的智能化处理。

4. 电力系统负荷供给领域

在电力系统负荷供给领域，人工智能技术的应用主要集中在节能降耗、负荷预测、用户行为分析等方面。

百度科技园智能楼宇项目应该是人工智能在节能减排方面的一个典型应用，智能电力系统运行一个月后，实现节电约 25 万度，未来预计每年仅制冷方面就可以帮助百度科技园降低 100 万度以上的电量消耗。

电力系统负荷预测是以电力系统负荷为对象进行的预测工作，包括对未来电力系统需求量和用电量的预测，主要工作是预测未来电力负荷的时间、空间分布，为电力系统生产、传输、销售提供合理规划和可靠决策依据。Google 公司将人工智能技术引入数据中心能源优化和负荷预测，利用机器学习等人工智能技术将制冷能耗降低了超 40%。DeepMind 使用数据中心的冷却塔水温、湿球温度、户外湿度、风速、风向、中心温度、电力分配等大量运行数据参数，训练其机器学习神经网络系统，将数据中心设施能耗与计算能耗的比率降低了近 15%。DeepMind 还设计了两个辅助深度神经网络，研究服务器总负载，水泵、冷却塔、冷水机组、干式冷却器、运行中的冷水注水泵数量等因素，用来预测数据中心未来数小时的温度和压力。

智能照明是一种利用人工智能技术、电磁调压和电子感应技术，对供电系统、照明环境进行实时监控与跟踪，自动平滑地调节电路的电压和电流幅度，改善照明电路中不平衡负荷所带来的额外功耗，提高功率因数，降低灯具和线路的工作温度，达到改善照明、优化供电、节约能源的目的。另外，由于计算机技术、无线通信数据传输的快速发展，分布式无线控制、远程遥控、语音控制、触摸控制等新技术也已被广泛应用于智能照明系统。

人工智能在电力系统用户行为分析方面，能够检测用户是否在家存在窃电，甚至犯罪等不当行为。在美国、加拿大、墨西哥，常常有人买下豪宅，种植盆栽大麻，仅加拿大的 British Columbia，每年这种盆栽大麻的收入就高达 65 亿美元。但是，犯罪分子需要用 LED 灯来培养大麻，而且需要日夜开启，用电量会大大超过普通用户。警察利用人工智能技术，通过智能电表数据，对用户的用电行为进行分析，就可以锁定嫌疑人。

5. 电力市场交易领域

在电力市场交易领域，人工智能技术的研究和应用主要集中在智能服务、电价预测、市场交易和竞争等方面。

人工智能在电力市场智能服务方面的应用，与其他商业服务领域相同，主要提供无人缴费、语音服务、机器人引导等日常服务。供电营业厅可以引进人工智能机器人担任营业员，为市民提供业务引导、查询、缴费等服务。当有市民走进营业厅时，便会主动上前提供业务帮助。智能化无人营业厅可以受理客户咨询、查询档案信息等电力相关业务，它还可以帮助客户查询电费、进行故障报修等服务。

中国政府在《电力发展"十三五"规划》中着重强调，必须将人工智能技术与电力系统相结合，构建"智能电网"，造福人民。2018 年，中国国家电网在全球人工智能领域专利权人榜单中排名上升进 TOP10，是唯一上榜的中国企业，涉及智能电网控制，人工智能配电变压器、人工智能算法、智能机器人等人工智能方面近 4000 项专利，并且在全国多地建立了电力系统人工智能实验室。

6.2　电力系统智能化的典型应用

6.2.1　智能电厂

智能电厂是指将传感器、通信和控制等先进技术应用于电厂参量的测量、传输和控制，并将人工智能分析、优化和决策技术，与发电、传输、变送设施高度融合，在数字化、图像化、信息化、网络化的基础上形成一个新型高技术电厂。智能发电是电力系统迈向工业 4.0 的核心建设内容之一，对于全面提高电力系统运行效率，保障安全、经济、高效、清洁的电力供应具有重要意义。图 6-2 是火电、核电、风电和太阳能智能电厂的示意图。

图 6-2　智能电厂

智能电厂的本质是智能化、网络化、自动化技术在电力系统领域的高度发展与深度融合，主要体现在大数据、物联网、可视化、先进测量与智能控制等技术的系统化应用，其技术核心是智能发电技术。

智能电厂的内容是以发电过程的数字化、自动化、信息化、标准化为基础，以管控一体化、大数据、云计算、物联网为平台，集成智能传感与执行、智能管控与优化、智能管理与决策等技术。以"智能感知、实时分析、自主决策、精准执行、学习提升"五大功能为主要建设内容，使电厂和互联网的应用相结合，打造以三维建模、"互联网+"、大数据、人员定位作为基础，集在线仿真、智能管控于一体的智能电厂。通过一体化云平台覆盖全部业务管理，利用信息化手段联通各项职能，实现电厂生产、经营全部业务的一站式、一体化信息支撑。

将人工智能技术应用到发电厂中，加强智慧工程、智慧电厂、智慧调度、智慧检修业务建设，减少了人工干预，具备更安全、更环保、更高效、更智能的优点。智能电厂可以实时监测燃烧时煤炭污染物的含量，并将监测数据公开，比传统电厂更加经济环保。智能电厂的故障预测和诊断系统，对可能出现的故障能进行提前预判和实时诊断，根据不同的情况自动调整运行方式，进行自我修复，比传统的电厂更加安全可靠。大范围使用智能机器人进行智能巡检，可减少人工高危作业概率，可实现全天候监控，降低事故发生的可能性、提前消除隐患，不仅降低了设备损坏的概率，还减少了人力资源的消耗，节省人力成本，延长机器的使用寿命，降低了电厂的维护运营成本。

《中国制造2025》指出，要把结构调整作为建设制造强国的关键环节，大力发展先进制造业，改造提升传统产业。中国国家发展改革委、国家能源局、工业和信息化部联合印发《推进"互联网+"智慧能源发展的指导意见》和《中国制造2025-能源装备实施方案》，工业和信息化部、国家能源局等六部门印发《智能光伏产业发展行动计划(2018—2020年)》，都推动中国能源产业向智能化、智慧化新形态发展。

在位于江苏省姜堰经济开发区的智能电厂——大唐泰州热电公司，巡检员手持测量仪，对设备进行检测完毕后，测量数据即被同步至手机。各项任务流程审批、人员定位、缺陷管理、考核登记、虚拟漫游等业务工作都可以通过手机App来完成。扫描相应设备二维码，可以瞬间调取该设备的档案信息，也可以直接进行缺陷登记、巡检记录上传，还可以上传声音、视频、图片等信息。另外，通过三维建模工艺流程仿真培训，在虚拟中实现真实检修培训效果；通过精准的人员定位，对整个生产厂区人员活动轨迹进行监控。

智能电厂发展的目标是让电力系统具备人的思维判断能力，并具有一定或全自主的自我诊断、学习和执行的能力。另外，智能电厂的发展不仅要着眼于信息化、数字化、网络化、大数据、智能化建设，而且还要着重于智能电厂中人的智慧建设。

6.2.2 智能电网

智能电网是指通过先进的感知、测量、网络、控制以及智能决策支持系统，实现电力系统网络的可靠、安全、经济、高效、环境友好和使用安全的目标，其内容包括智能发电系统、智能变电站、智能储能系统、智能配电网、智能调度、智能城市用电网、智能电能表、智能交互终端、智能用电楼宇、智能家电等，如图 6-3 所示。

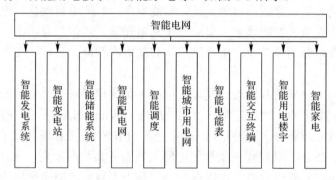

图 6-3　智能电网的组成

智能电网是在传统电力系统基础上，融合先进信息通信、控制、储能、新材料等技术，集成新能源、新设备等构成的新一代电力系统，可实现电力发、输、配、用、储过程中的数字化管理、互动化交易、智能化决策与控制。

智能电网具有智能、集成、交互、协调、兼容、安全、高效等特点。智能性是指电网在运行过程中仅需少量人为干预，甚至无人干预，电网就可自主检测、分析、解决运行时出现的异常，并快速恢复，避免断电现象的发生。集成性是指智能电网需要实现包括监控、控制、维护、管理、消费等各类信息系统设备及功能的集成。交互性是指在运行过程中智能电网系统各个单元可以与用户设备和行为进行交互，实现电网与用户高效的互动，如手机等智能终端的实时电费查询、缴费、报修、停用、开启等操作。协调性是指电力市场节点之间实现相互协调，保证电力系统运行的可靠性，并提高其管理水平，为用户提供优质的电能，提高能源的利用效率，从而实现整个网络的优化，降低维修成本，减少资源损耗。兼容性是指智能电网具有允许各种不同类型的发电、储能、用电设备接入系统，实现各种发电、储能、用电设备即插即用，满足电力和自然环境和谐发展的需求。安全性是指智能电网可以抵御外部攻击，保护关键资产和恢复核心电力组件来减小攻击带来的影响，即使受到攻击，也能够很快地进行修复，恢复正常运行状态。高效性是指智能电网可以提高电网运行和输送效率，降低运营成本，促进能源资源和电力资产的高效利用。

智能电网的建设内容包括研究先进的发电厂控制、监测及状态诊断和优化运行控制技术，提高发电厂的管理运行水平。输电环节实施输电线路状态检修管理，延长设备工作寿命。变电环节逐步实现全站信息数字化，构建具备集成、互动、自愈、兼容、优化等特征的智能配电系统，提高变配电网的可靠性。用电环节实现电网与用户的双向互动，提升用户服务质量，满足用户多元化需求。使电网适应智能电力系统安全可靠、灵活协调、优化高效、经济环保的要求，形成一体化的智能调度体系。

中新天津生态城智能电网综合示范工程是国内建设比较早的智能电网综合示范工程之一，涵盖了发电、输电、变电、配电、用电、调度等六大环节，包括分布式电源接入、储能系统、智能电网设备综合状态监测系统、智能变电站、配电自动化、电能质量监测和控制、用电信息采集系统、智能楼宇、电动汽车充电设施、通信信息网络、电网智能运行可视化平台共十一项示范功能建设，集中展示了智能电网智能、集成、交互、协调、兼容、安全、高效的特点。

国际上的智能电网研究和建设也是如火如荼。美国电科院启动的智能电网大数据研究项目，研究在输配电上的大数据应用。美国 Pacific Gas and Electric 公司基于用户用电数据开展了大数据技术应用研究。美国 C3 Energy 公司与 IBM 公司合作开发了针对智能电网的大数据分析系统。Oracle 公司提出了智能电网大数据公共数据模型，包含配电管理模型、断供电管理模型、网络管理模型。法国电力公司基于大数据的用电采集应用，实现了电网监测、电网自动愈合、电网调度局部优化，可提供实时电价，实现可再生能源接入。德国的电力公司，基于大数据实现实时用电查询，除了电网状态监测、用户用电测量，还可将近几个月电表数据存储并加密保护，提供实时用电消费计算及实时查询。英国国家电网公司完成了基于大数据的实时用电查询，可以呈现设备资产信息、设备运行数据、天气信息、腐蚀速率、用户用电测量等相关信息，并实现资产战略管理。加拿大 BCHydro 公司基于大数据的用户行为分析，实现了实时用电消费计算及呈现、客户用电模式分析及呈现、用电欠费通知以及快速恢复操作、窃电检测及节能管理。

智能电网是承载工业 4.0 的基础平台，对工业 4.0 具有全局性的推动作用。目前，国际上智能电网建设主要关注于分布式光伏、电动汽车、电工装备、综合能效、数据商业化、线上产业链金融化等几个方面，使智能电网更好地服务国民经济、政府部门、能源供应者、能源消费者，促进全环节、全要素供需对接和资源优化配置，构建互利共赢的电力系统新生态。

6.2.3　智能变电站

智能变电站是指由智能化电力系统设备组成，基于现代网络和通信技术，实现变电站内智能电气设备间信息共享和互操作的现代化变电站，具有运行操作自动化、信息共享化、分区管理统一化、电网调度和控制智能化等特点。

智能变电站内的智能化电力系统设备可分为一次智能电气设备和二次智能电气设备。

一次智能电气设备指直接生产、输送、分配和使用电能的设备，主要包括智能变压器、智能断路器、智能开关、母线、避雷器、电容器、电抗器等。二次智能电气设备是指对一次设备和系统的运行工况进行智能测量、监视、控制和保护的设备，它主要包括智能继电保护装置、智能测控装置、智能计量装置、智能系统以及为二次设备提供电源的直流设备。

智能变压器可以监测变压器运行状态是否良好，也可以及时反映变压器在运行过程中的实时数据。当运行过程中发生故障时，系统会发出报警信号，并且会及时反馈当前设备运行过程中的参数，及时消除隐患，从而降低运行成本，提高运行时的安全性和可靠性。智能高压开关设备具备了监测诊断功能，传统变电站中的电磁式互感器也由电子式互感器所代替，弥补了许多设备缺陷问题。智能变电站也更加人性化，随着低压负荷量的增加和减小，变电站输送的电量也会进行智能调节。

智能化变电站的主要功能是用于对电力系统中电压和电流进行变换，接收发电厂电能及分配用户电能。在发电厂侧的变电站是升压变电站，其作用是将发电机发出的电能升压后馈送到高压电网中，在用户侧的变电站则是降压变电站，其作用是将电网中传输的电能降压后满足用户生产、生活需求。

根据变送负荷、功能区域、造成的事件等级，可将智能变电站分为四类。一类智能变电站是指交流特高压站，3 MkW 及以上核电、大型能源基地外送及跨大区的 750/500/330 kV 变电站，都属于一类变电站。二类智能变电站是指除一类智能变电站以外的其他 750/500/330 kV 智能变电站，1 MkW 及以上、3 MkW 以下电厂外送变电站及跨省联络 220 kV 变电站，主变压器或母线停运、开关拒动造成四级及以上电网事件的变电站，都属于二类智能变电站。三类智能变电站是指除二类以外的 220 kV 变电站，0.3 MkW 及以上、1 MkW 以下电厂外送变电站，主变压器或母线停运、开关拒动造成五级电网事件的智能变电站，以及为一级及以上重要用户直接供电的变电站，都属于三类智能变电站。四类智能变电站是指除一、二、三类以外的 35 kV 及以上变电站。

智能变电站采用了先进、可靠、集成和环保的智能设备，以全站信息数字化、通信平台网络化、信息共享标准化为基本要求，自动完成信息采集、测量、控制、保护、计量和检测等基本功能，同时，具备支持电网实时自动控制、智能调节、在线分析决策和协同互动等高级功能。

智能变电站是未来变电站的发展方向。2010 年至今，中国大陆地区建成和在建 220 kV 以上智能变电站近百座以上，而且仍有许多拟建项目正在紧锣密鼓的规划当中。图 6-4 是智能变电站及智能化设备图片。

另外，智能变电站建设仍以设备智慧化改造、综合自动化智能升级、主辅设备全面监控、视频和机器人联合巡检等为主，同步建设地市信息综合管理系统和省级变电站智能决策平台，未来将实现倒闸操作一键顺控、站内设备自动巡检、人员行为智能管控、主辅设备智能联动、设备异常主动预警、故障跳闸智能决策等更多智能化功能。

图 6-4 智能变电站及智能化设备

由于人工智能技术的采用，智能变电站在节能环保、交互性、可靠性方面都有了很大提高。节能环保体现在智能变电站的通信方式由光纤电缆取代了传统电缆，各类电子设备中也使用大量的集成度高、功耗低的电子元件，降低了成本，减少了环境污染和能源消耗。交互性是指智能化技术可以为电网提供详细、安全的电网运行数据信息，智能变电站对信息进行采集和分析后，可以将这些信息进行内部共享，实现了良好的交互性。安全性是指智能变电站能够有效应对外部干扰，进行诊断和分析，并能迅速采取措施，进行处理，有效地预防了危险事件的发生。

6.2.4 智能巡检系统

在电力系统中，电气设备和线路的运行维护、日常巡检工作是非常重要的。然而，传统的电力系统巡检、维护主要是靠检修人员携带检修设备来完成，跋山涉水也是常有的事。据统计，截至 2018 年，中国大陆地区 110kV 及以上电压等级输电线路回路长度约为 130 万千米，其中 20%输电线路建设于无人区、山区等自然条件恶劣的地区。在传统的电力系统中多采用人工作业，工人在高架台上进行巡检工作或是沿线行走、登塔或借助望远镜和照相机来检查电路问题。然而，人工巡检无法避免因人员技术有限以及地理环境恶劣所造成的巡检结果精度不高、巡检覆盖率低、巡检成本高等棘手问题。工人在运行维护过程中还有一些局限性问题，如高空作业具有一定的安全隐患，在森林或无人区线路，工人无法抵达等。另外，为避免检修停电，检测人员需要在高压电气设备上不停电进行检修、测试，这更增加了运行维护工作的难度和风险性。

在电力系统设备巡检方面，智能电力巡检系统采用了基于电子标签技术、光电通信技术的数据采集管理模式，为各种电力系统设备巡检和数据管理提供了强有力的技术支持。在巡检过程中，工作人员只需要使用手持智能数据采集终端扫描录入设备编码和数据，GPRS、WiFi 实时传输系统就会将信息上传到服务中心，就能将巡检数据输入到计算机，并能按要求生成所需的图表数据，及时提供给管理者和决策者必要的信息。既减轻了劳动强度，又增加了实时性，还有效提高了巡检质量和效率。

在存在高压、触电危险的场所，电力系统设备巡检还会使用到智能巡检机器人，如图6-5 所示。智能电力巡检机器人以自主或遥控的方式，在不宜驻人值守或无人值守的变电站，完成对高压、高危电气设备的巡检。智能巡检机器人能够全天候自动采集变电站设备温度、设备外观、刀闸开合状态等信息，具有检测方式多样化、智能化，巡检工作标准化、客观性强等特点，且集巡视内容、时间、路线、报表管理于一体，实现巡检全过程智能管理，并能够提供数据分析与决策支持。

图 6-5　智能巡检机器人

同时，机器人还能够在大风、大雾、冰雪、冰雹、雷雨等恶劣天气条件下工作，代替或辅助人工完成电气设备的巡检，降低了运行人员的工作强度和安全风险。机器人携带的红外热像仪和可见光摄像机等检测装置，可在工作区域内进行巡视，并将画面和数据传输至远端监控系统，对设备节点进行红外测温，以便及时发现设备发热等故障隐患。同时，也可以通过声音检测，判断变压器运行状况。另外，还可以对于设备运行中的事故隐患和故障先兆进行自动判定和报警，有效消除事故潜在隐患。

在电力系统线路巡检方面，通过电力巡检无人机，检测人员可以清楚看见一些重要部件是否受到损坏，保证电力线路的安全，保障居民的用电，使得巡检信息化、可视化、立体化、智能化。目前，无人机已经实现了日常巡检、特殊巡检，以及电网灾后故障巡检，如图 6-6 所示。另外，无人机还被用于电力系统线路架设，利用展放导引绳来架设线路，有效缓解生态环境保护和架线施工的矛盾。

图 6-6　智能电力巡检无人机

　　智能电力巡检无人机还可以规划巡检线路，近距离获取巡检设备的设备图像、地形图像、电力线路图像，不仅可以确保获取数据的高效性，而且可以在多方面降低环境对信息采集与勘测的影响。智能系统对无人机采集的数据进行分析，能够全面兼顾各方面因素，充分利用有限的资源，使区域规划与线路走向更加合理，使电力线路的巡检、架设路径得到优化。

6.2.5　智能电表及抄表系统

　　智能电表是电力系统的智能终端，除了具备传统电能表基本用电量的计量以外，还具有双向多种费率计量、用户端控制、多种数据传输模式的双向数据通信、防窃电等智能化的功能，而且样式和外观也更加美观，兼备了功能性、智能性和艺术性的特点。图 6-7 所示是部分新型智能电表。

图 6-7　部分新型智能电表

智能抄表系统具有身份、电表终端、数据网关等用户设置及设备管理，预购电量、无费关断、催费通知、票据打印、结算报表、自助缴费等电能计量及收费管理，分时段控制电路通断、负载功率限制、恶意负载限制、反限电插座识别、断电自动恢复功能等参数配置及负载管理，设备状态监测、房间状态监测、状态查询与记录、剩余电量与用电量查询、退费管理、多种费率设置等状态监测与数据管理功能。

　　据统计，国家电网用户智能电表安装达 2.6 亿块，覆盖率超过了 50%，南方电网服务区域内实现计量自动化终端 100% 全覆盖，新智能电表的覆盖率达到了 80.6%。

　　智能电表及抄表系统实现了实时、精确的能源数据计量及管理功能，自动抄录用户用电数据，并且进行了分析和监测，为用户和电力企业节省了大量的时间和人力资源，既可避免对用户的打扰，又可以减少抄表人员的数量，将人力资源按需分配。同时，可以对变电站、企业用户、居民用电等用电情况进行监测，自动生成报表并绘制相应曲线，更加便于电力企业用电管理，对能源损耗规划和供电方案制订提供有效依据。

6.3　未来发展趋势

　　人工智能技术融入电力系统，使电力系统能源使用更加清洁环保，资源配置更加协调高效，运营管理更加安全可靠，维护检修更加简约准确，用电交易更加快捷方便。

　　清洁环保是指在人工智能技术的应用下，能源生产侧的智能化水平大幅提升，促进了电源与电网信息的高效互通，石油、煤炭等发电原料的清洁利用率不断提升，将大幅度降低发电能耗水平和污染排放水平。

　　协调高效是指风能、水能、太阳能等新能源发电大幅度提升。同时，人工智能技术、大规模新能源发电并网、分布式能源智能储能系统与智能电网协调优化的广泛使用，将大幅度提升电力系统接纳新能源的能力。

　　安全可靠是指在人工智能、大数据、网络技术的应用下，电力系统运行数据进入平台后，通过多维度的智能数据关联和数据挖掘等分析技术，进行智能辅助决策与判断，将保障运营管理的安全可靠。

　　简约准确是指在维护检修过程中，无人值守、巡检机器人、检修无人机等智能设备的运用，以及自检、自恢复、自维护等功能的具备，将使电力系统的维护检修更加智能化。

　　快捷方便是指实现电力交易与用电客户之间的实时交互，增强综合服务能力，将为用电客户提高一个智能化、互动化、人性化、24 小时全天候、全方位节能环保型的新型交易环境，使电力交易更加方便、快捷。

　　电力系统智能化将是未来电力企业发展的主要趋势，也是保证电力行业未来可持续发展的重要技术之一。

习　题

1. 阐述电力系统智能化的涵义是什么？
2. 简述人工智能技术已经在电力系统中有哪些应用？
3. 以火力发电厂为例，说明智能电厂中的人工智能技术。
4. 什么是智能电网？
5. 人工智能技术在电力系统巡检中的作用和意义是什么？
6. 结合所学内容，展望未来电力系统智能化的主要趋势。

参 考 文 献

[1]　卢强，何光宇，陈颖，等. 智能电力系统与智能电网[M]. 北京：清华大学出版社，2018.
[2]　STEPHEN Bush. 智能电网通信 使电网智能化成为可能[M]. 北京：机械工业出版社，2019.
[3]　WEERAKORN Ongsakul. 人工智能在电力系统优化中的应用[M]. 北京：机械工业出版社，2015.
[4]　秦立军，马其燕. 智能配电网及其关键技术[M]. 北京：中国电力出版社，2010.

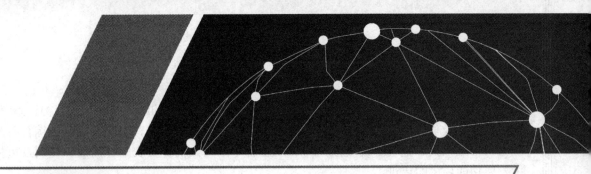

第7章 智能楼宇

7.1 概　述

　　人类建造房屋，最初的目的就是为了遮风挡雨、抵御风寒，有一个安全的休憩之地。后来，开始有了火炉、灯光，居住条件有了一定的改善，房屋的内涵也得到了进一步的丰富。再后来，随着社会发展，简单、原始的房屋环境、功能已经远远不能满足人类生产、生活的需要。智能楼宇作为信息时代高新科技和建筑技术相结合的产物，应运而生，它集现代建筑技术、人工智能技术、通信技术、自动控制技术、计算机技术于一体，能更好地满足人们对建筑环境安全、舒适、便捷、高效的要求。

　　智能楼宇这一概念最早是由美国在20世纪70年代末提出的。1984年1月，美国联合科技集团的UTBS公司在美国Hartford，将旧金融大厦改造成了一个办公高效、环境舒适、安全经济的综合性办公大楼，取名为CityPlace，这也是世界第一幢智能楼宇。楼内具有一系列先进的通信设备、计算机、数字程控交换机，大楼内可以方便地进行各种语音、短信、邮件通信，文字处理，情报信息收集和大型数据处理等。楼内的暖通空调、给排水、供配电、照明、保安、消防、交通等系统均可实现集中控制。尽管，当时的智能楼宇系统，还达不到我们现在所要求的智能化水平，但在当时已经是非常超前和先进了。智能楼宇这一概念也逐渐进入了人们的视野，并迅速在欧美、日本等发达国家流行起来。到20世纪末，美国最新改造和建立的楼层建筑中智能楼宇约占70%，日本达到了65%左右。

　　对于智能楼宇，目前尚没有统一的定义。美国智能建筑研究院认为智能建筑是通过将四个基本要素，即结构、系统、服务和管理，以及它们之间内在关联达成最佳组合，提供一个投资合理、高效率、舒适、温馨、便利的建筑环境，并帮助建筑业主、物业管理人员和租用人员达到在舒适、便利和安全等方面的目标，当然还要考虑长远的系统灵活性及市场能力。智能楼宇被欧洲智能建筑组织诠释为用户可以通过最少的代价，发挥最高的功效来控制自己的资源。中国国家标准《智能建筑设计标准》(GB 50314—2015)

中规定智能楼宇是以建筑物为平台，基于对各类智能化信息的综合应用，集架构、系统、应用、管理及优化组合为一体，具有感知、传输、记忆、推理、判断和决策的综合智慧能力，形成以人、建筑、环境互为协调的整合体，为人们提供安全、高效、便利及可持续发展功能环境的建筑。

中国智能楼宇的起步相较于欧美晚一点。1986 年，批准了"七五"重点科技项目"智能化办公大楼可行性研究"，开始了相关理论和可行性研究。1989 年建成的北京发展大厦，开始具有了智能楼宇的雏形。1993 年中国建成了首座智能化商务大楼——广东国际大厦，它具有完备的楼宇、办公和通信自动化系统，不仅能够提供当时最先进、最舒适的办公、生活环境，还能通过卫星来及时掌握国内外的经济生活新闻信息。

虽然中国智能楼宇起步晚，但是发展迅速。尤其近年来随着人工智能技术的快速发展，中国北京、广州、上海、深圳等地相继建成了大型的、具有高质量的智能化楼宇，有代表性的如北京大兴国际机场、首都机场 3 号航站楼、白云机场 T2 航站楼、北京的京广中心、上海博物馆、广东的国际大厦等，开创了智能楼宇的先河，引领了世界智能楼宇建设的潮流。

7.2 智能楼宇系统组成

智能楼宇主要由楼宇自动化系统(Building Automation System，BAS)、办公自动化系统(Office Automation System，OAS)、通信自动化系统(Communication Automation System，CAS)、综合布线系统(Premises Distribution System，PDS)和系统集成中心(System Integrated Center，SIC)五大部分组成，如图 7-1 所示。其中，楼宇自动化系统、办公自动化系统、通信自动化系统被称为"3A"，是智能楼宇必备的最基本的功能。智能楼宇的集成控制中心通过综合布线系统与各种终端相连接，收集楼宇内的各种信息，通过集成中心的计算机进行处理计算后进行相应的控制。系统集成中心就相当于人的大脑，各种终端就相当于人的器官，通过综合布线系统这个"神经网络系统"将信息传达给"大脑"，最终通过"大脑"做出相应的处理，实现楼宇的人工智能。

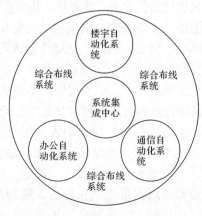

图 7-1 智能楼宇的组成

智能楼宇的组成基本子系统和内容如图 7-2 所示。

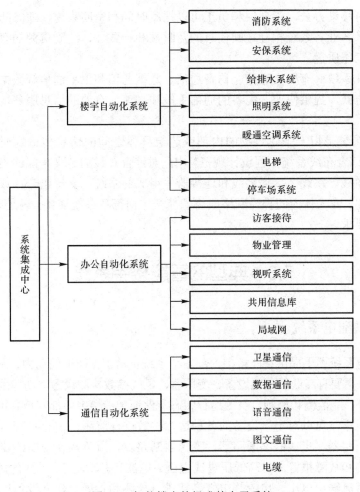

图 7-2　智能楼宇的组成基本子系统

系统集成中心是最高控制中心，通过汇总各个自动化系统的信息，监管着整个楼宇建筑。通过综合布线系统把办公、楼宇、通信自动化系统连接起来形成一个相互关联、统一标准的系统，并通过软硬件设备建立信息交换中转站，从而实现集中化、高效化的管理与控制。

楼宇自动化系统负责监管楼宇内部的供配电、空调、给排水、照明、消防、电梯等子系统设备。自动检测各个子系统运行的参数，根据外部环境和状态变化自动调节设备，使其运行在最佳状态。同时保证系统在运行过程中资源的有效利用，做到资源经济化和科学化管理，在建筑物内形成安全、舒适、健康的生活环境和高效节能的工作环境。

办公自动化系统就是将先进的计算机、通信技术、网络技术与多媒体技术结合起来，实现数字化办公。通过办公自动化系统，各种文件、单据的审批、签字、盖章都可以在网络上进行，支持移动办公，管理层和员工可以摆脱时间和空间束缚，随时随地轻松办公。保证了公司内部各业务系统相互之间信息的及时性和一致性，达到资源的有效共享，提高了劳动效率和工作质量。

通信自动化系统具有图文通信、语音通信、数据通信和卫星通信等数据传输方式，利用有线和无线方式，提供快速、完备的通信手段和高速、有效的信息服务，实现综合化、智能化的管理。

综合布线系统是指一个建筑物的内部或建筑群体之间的信息传输媒质系统。在 GB 50311—2016《综合布线系统工程设计规范》中，对综合布线的定义是能够支持电子信息设备相连的各种缆线、跳线、接插软线和连接器件组成的系统，支持语音、数据、图像、多媒体等信息传递。像人体内的神经网络般将智能楼宇内部各系统连接，满足智能楼宇高效、可靠、灵活的要求。

7.3 典型的智能楼宇系统

7.3.1 智能供配电系统

智能供配电系统用于提供智能楼宇内部各个系统正常工作所需的动力，保证智能楼宇设备的正常运行。主要有高低压配电设备、变压器、电气参数检测设备、功率因数自动补偿装备、备用电源等，能监测和控制自身的运行状态，保证智能楼宇内部安全、可靠地供配电。

智能供配电系统可以对电气设备的各种运行参数进行监测，并自主应对各种突发状况。对高低压进线断路器、母线联络断路器、变压器断路器，直流操作柜断路器，发电机等设备状态进行监测和故障报警。对高低压进线电压、电流、有功功率、无功功率、功率因数、变压器温度、直流输出电压、电流等电气参数进行检测和管理。建立设备运行、检修、事故档案并生成定期维修操作单，提高设备的使用稳定性和寿命。能够统计和计算智能楼宇内用电量，并且实现自动抄表、用户电费单据输出，提供用电负荷曲线。发生火灾时，智能供配电系统能够自动切断相关区域的非消防电源，并提供备用发电机组与蓄电池组，保证消防泵、消防电梯、紧急疏散照明、防排烟设施和电动卷帘门等消防用电。

通过供配电系统的自我监测和调控，无需人们过多关心能源供应，通过系统内部的检测和评估，可以完美检测到问题所在，做到及时解决。

7.3.2 智能暖通空调系统

智能暖通空调系统是人们在工作生活中最能直接感受到的智能楼宇系统，是楼宇自动化系统中最主要的组成部分。暖通空调系统的目的是提供一个优质的生产生活环境和良好的空气品质。可以根据季节气候的变化以及人类的生活习惯和生理特性，对房间或者公共建筑物内的空气温湿度、气流速度、空气清洁度等参数进行监测调节，为人们的工作和生活提供一个舒适的环境。

　　智能暖通空调系统主要由空调系统、通风系统、供暖系统三部分组成，如图 7-3 所示，包括了制冷、空气处理和供热等。由于需求量大、设备种类多、分布广泛，智能暖通空调系统所需的能量也是巨大的，甚至占到建筑物能耗的 70%左右。智能暖通空调系统还可以对所有暖通设备进行监控和管理，对相关设备工作状态和运行参数进行监测，并根据负荷情况对设备运行状态进行控制。

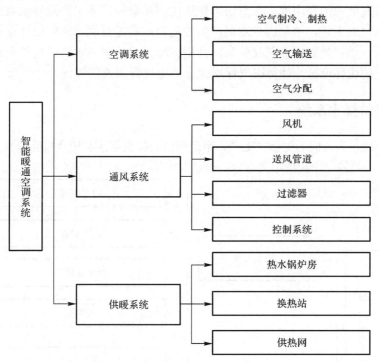

图 7-3　智能暖通空调系统

　　空调系统温度调节将建筑内生活工作的室温保持在夏季 25℃～27℃、冬季在 16℃～20℃。过于潮湿或者过于干燥的环境都会使人感到不舒服，空调系统湿度调节相对湿度保持夏季在 50%～60%之间，冬季在 40%～50%之间。生产、科研实验等不同的生产工艺对温湿度的要求又各不相同，空调系统都会对其模式参数进行预先设定。空调系统内部还搭载了检测装置，随时监测风机运行状态，根据风机两侧的压差，异常时进行报警。当风机运行累积量达到设定值时，提醒维修。检测装置还能与消防系统进行互联，发生火灾时，关闭风机，停止空调的工作。

通风系统可通过对室内外空气的控制来减少空气污染物的传播与危害。包括了风机、送风管道、过滤器、控制系统等装置。除了常规的温湿度，许多场合对空气质量、空气压力等都有所要求。像精密加工、医药制作、食品制作车间要求高清洁度，进行正压调节，避免不满足条件的空气进入；对化肥、农药、化工制作产生有害气体和污染物处理、病毒感染隔离等场合，进行负压调节，避免有害气体泄漏。

供暖系统可为智能楼宇提供生产生活所需的热源，包括热水锅炉房、换热站和供热网，主要有燃烧系统和水系统两部分。燃烧系统可根据所需热量的要求控制风机、引风机的风量，炉膛的压力，热水流量、温度，以及燃料的供应来调节锅炉内的燃烧状况，使得燃料燃烧充分，提高能源的利用率。水系统可保证主循环泵的正常工作及补水泵的及时补水，保证锅炉内水位的正常，避免因少水而产生的危险；通过对供水量的统计能计算所供热量数据及供水量、燃料量数据等统计信息，并根据相关要求调节水泵的数量及转速，来调整不同楼宇区域的循环流量，使得暖气保质保量地输送到需要的部位。

7.3.3　智能给排水系统

给排水系统是为人们的生活、生产、市政和消防提供用水和废水排除设施的总称，是任何建筑中不可或缺的一个重要组成部分。该系统包括给水系统和排水系统，如图 7-4 所示。

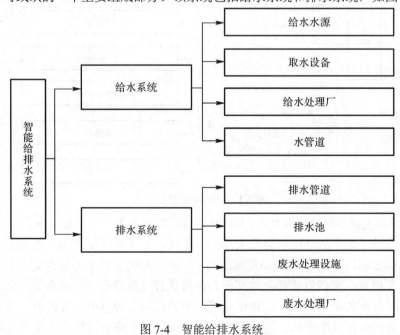

图 7-4　智能给排水系统

给水系统由给水水源、取水设备、水管道、给水处理厂为智能楼宇内居民、公司和机关单位等提供生产、生活、工程、消防用水。智能建筑中，给水系统可以将水经过处理后通过水管合理、安全、可靠地输送到各个用水单位，并满足用户对水质、水量、水压的要求，具有集取、输送、改善水质的作用。给水系统将室外水管接入室内的地下储水池、楼层水箱、配水设备、气压给水设备、生活给水泵、消防给水泵等。通常采用直接给水、水泵给水、水箱给水、联合给水等方式的智能楼宇多为高层建筑，目前普遍采用分区减压给水。低区部分直接由城市给水管网供水，高区部分由高位水箱给水、变频调速水泵给水和气压罐给水。

智能给水系统主要功能是实时监控各种储水装置的水位、水泵、水管的工作状态，按照水量、水压等条件自动调节相关阀门和水泵。并对系统内的设备进行统一管理，保证设备正常运行，实现对水的合理分配。可对地下蓄水池、高层水箱、楼层水池等水位和水压进行检测，当超出限制后及时进行报警。根据水位高低来控制水泵及阀门的开关，并实时检测水泵运行状态，在水泵出现故障时，及时更换备用水泵。相关的设备运行状态、时间、累积电量等也会同步记录，并且可以在一定使用量时及时进行检修，为维修提供依据，做到设备的最佳给水状态。

排水系统能够将人们在智能楼宇内部生产生活中的污水、废水以及多余的地面水排除掉，由排水池、排水管道、废水处理设施和废水处理厂等组成。其主要设备有排水水泵、污水集水池、废水集水池等。

智能排水系统可以实现对污水、废水集水池水位及排水水泵状态进行监测，通过水位高低控制排水水阀及水泵的开关。当水位达到上限时，进行超限报警，并自动启动排水水泵，直到水位降低到下限时关闭水泵。另外，可以根据设备运行时间定时进行检修，减少智能排水系统故障的发生。

7.3.4　智能照明系统

智能照明系统是智能楼宇中重要的组成之一。智能楼宇内部有着不同的区域划分，办公室、门厅、会议室、多功能厅等，不同的区域对照明有着不同的要求。通常，按照使用功能的不同，楼宇照明可以分为普通照明和特殊照明两种。普通照明就是运用荧光灯和白炽灯进行一般和局部照明，特殊照明指对智能楼宇起美化作用的霓虹灯、喷泉彩灯、节日彩灯、航空障碍灯等。

智能楼宇中照明系统功能主要涉及两个方面，一方面是环境照度控制，保证建筑内部各区域实现舒适照明；另一方面是照明节能控制，在保证合理照明的基础上实现最大限度节能。这两者相辅相成，在进行环境照度控制的过程中要考虑节能控制，进行节能控制时也要考虑环境照度的合理性。

　　智能照明系统可以在全自动状态下工作，通过对基本时间段工作状态的设定，可根据各时间段不同的状态自动转换。工作时间，系统会自动将灯光打开，并将灯光照度调节到设定的状态下。白天时，利用窗外射入的大量自然光进行照度补偿，不仅能够节约能源，还能维持室内光亮的舒适度。如果天气阴暗，室内得不到窗外照度支持时，室内灯光会自动调亮，始终维持室内的亮度在一个理想的亮度。休息时，灯光会自动营造出一个慵懒、柔和的氛围，使工作者得到很好的休息和放松。工作日结束后，系统自动将各区域灯光调暗，进入夜间工作状态，同时启动声控功能。当处于清洁状态下或者检测到清扫人员经过时，该区域灯光点亮并维持基本亮度。清扫人员离开后，延时数分钟后自动关闭。有工作人员加班时，电梯、走廊等公共区域灯光保持常亮，只有当工作人员完全离开后，才将灯光降低到安全状态或者关掉。

　　智能照明系统在智能楼宇中的应用越来越广泛，给人们的生产生活提供便利的同时，带来了更高质量的照明感受。智能化照明控制系统，运用先进的电力电子技术，集中控制，优化能源利用方式，做到了最大限度的节能。智能楼宇中，照明所消耗的电能仅次于智能空调系统，通过智能照明系统的调节，可以节电 $30\%\sim50\%$。另外，系统可以根据用户需求修改软件设置，不用再对线路硬件进行改造，极大降低了修建和改造费用。系统按照预先设定状态进行工作，即使断电后也能恢复之前的设定，便于管理。照明系统按照最佳状态运行，延长了灯具的使用寿命，减少了维修工作量和花费。控制回路与负载回路进行分离，控制回路采用低电压，不管是在后期维修还是在使用过程中都能更好地保障人身安全。

7.3.5　智能停车场系统

　　在现代智能楼宇中，停车场管理系统已经成为一个必要的组成部分，是通过智能网关、网络设备、软件系统、立体车库搭建的实现集车位查询、找车取车导航、车牌识别、电子支付缴费于一体的网络系统。它通过预约车位，及时管理车辆流动信息，记录车辆出入情况和场内汽车位置信息，做到车辆动态和静态信息的结合。系统一般以车牌识别为前提，感应识别系统、App 或公众号内注册的车主信息，做到快速通行，并在离开时通过计时信息发起电子收费，车主通过微信、支付宝等进行支付。智能停车场系统按其设备结构和停车位置可以分为空地、室外地下、室内地下和立体停车场等类型。近年来，随着停车场技术的成熟，停车场管理系统的规模也在朝着大型化、复杂化、高技术化和高智能化方向发展。

　　智能停车场系统可分为软件和硬件两部分，硬件主要是由出入口管理站内的设备、停车场内的设备以及网关控制设备组成的，包括地下感应线圈、闸门机、电子显示屏、车牌识别摄像头、车位引导屏、自助缴费机、车位探测器、RFID(Radio Frequency Identification,RFID)读写器等。软件部分则由人脸识别、设备管理、数据统计、系统设置、App 等模块组成。当车辆进入停车场入口时，车牌识别摄像头及人脸识别模块开始工作，对比后台数据库内信息，在屏幕上显示查询的卡号、时间、车主等信息。根据车位引导屏可以看到车主预约车位或者是空余车位，并智能引导到相应车位。通过系统设置还可以限定工作人员的工作级别，相关级别管理人员只能通过登录密码在自己的管理权限内工作。每天车来车往的信息由数据统计模块进行记录，包括对车流量、收费状况的统计，并根据统计结果做成相关的报表形式呈现，方便查询和结算。

　　智能立体车库是一种新型的智能停车场，可以在一定程度上解决传统平面停车方式引起的停车难问题。智能立体车库一般由立柱、横梁等组成外部结构，由电机、链条、钢丝绳、传动轴、载车板等组成传动部分，由光电检测、PLC、远程监控等组成控制部分。图7-5 是平面移动、升降横移、垂直循环、垂直升降等几种常见的智能立体车库形式。智能立体车库能够在不规则空间内创造停车位，实现停车场在地上或地下"见缝插针"，提高空间利用率。同时，智能车库会自动安排车辆的存取，减少汽车尾气排放，人不入库，可以降低车库内部的照明和通风，节约能源，低碳环保；对于驾驶员来说，电脑软件能够全程控制，实现智能化停车，操作简单。

(a) 平面移动类

(b) 升降横移类

(c) 垂直循环类　　　　　　　　(d) 垂直升降类

图 7-5　智能立体车库

另外，近年在许多智能楼宇内出现了一种新型智能机器人停车系统。当用户将车停进车库时，一个扁平带轮、长方形机器人就会进库，来到汽车下方，将车架整体搬运至划定停车位。智能机器人停车系统可以自主完成路线规划、路径导航、定位停放，实现停车过程完全无人化。取车时，只需给出车辆信息，系统就会将车送出车库。在整个停车过程，车主无需像传统停车一样，人工找位、人工倒车，还要注意剐蹭、安全等问题。同时，由于使用了智能停车系统，减少了人为停车带来的空间浪费，提高了停车容量，具有省事、省时、省空间的优点。

7.3.6　智能安全防范系统

安全是一切活动的基础，所谓"安不忘危，乐不忘忧"，智能楼宇为了达到防入侵、防盗、防破坏等目的，采用了先进的电子器材与传感技术、通信技术、自动控制技术、计算机技术，组成一个安全防范系统，真正做到在安全上的"高枕无忧"。

智能安全防范系统是楼宇自动化系统的一个重要的子系统。智能安全防范系统一般由五个系统组成，如图 7-6 所示，其中电视监控和防盗报警系统为两个最主要的组成部分。

电视监控系统主要由摄像头、显示终端与智能控制设备组成，有图像检测、识别、分割、存储、还原等功能，可以对智能楼宇内重要地点的事物、人流等状况进行宏观监控，便于对各种突发状况进行及时报警、取证、核查。监控人员可以在观察室内及时掌握重要地点的情况，而管理人员则可以通过智能终端随时随地调取各区域的监控情况。

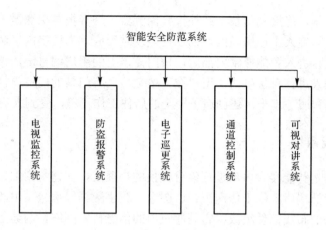

图 7-6　安全防范系统组成

防盗报警系统主要由探测器、区域控制器、报警控制中心三部分组成，负责对楼宇内各个点、线、面和重点区域进行侦测监视，尤其是出入口、财务及贵重物品区域，建立完备的安全防范入侵措施。最底层的是探测器和执行器，监测非法入侵，若有异常情况发出声光警报信息，就会同时向区域控制器发送信息。区域控制器做出相应反应的同时，可以将报警信息发送到控制中心，并可以汇总整理，快速锁定异常情况原因。

电子巡更系统采用了先进的路径规划、巡航、定位技术，可以记录巡逻人员工作的时间、地点，并对路线进一步规划。通过在巡更点上安装检测器，巡更人员巡逻时，随身携带的巡更机与检测器互相交换信息，巡更点将巡更数据上传到监控中心备份，对传回的数据进行分析。通过电子巡更系统，对巡更点的规划及巡逻路线的规划，更能适用于楼宇内不同的治安状况。形成一个"电子定点、以点串线，以线带面、点线面结合"的巡逻网络。巡逻点、巡逻时间、路线和频率的变化使得预警进一步完善，巡逻工作更加科学化、规范化。

通道控制系统是安全防范系统的一个子系统，不仅是建筑物的门面，也反映着楼宇的管理形象和档次，更能规范内部管理，提高安全性。通道控制系统广泛应用于食堂、宾馆、健身房、俱乐部、公司等功能性楼宇，有着门禁、考勤、限流和报警的功能。通常采用刷卡或刷脸的形式，门控器验证身份信息及操作权限后，允许通行。当有人在没有进行任何身份信息验证通过时，系统会向报警中心进行报警并记录非法闯入信息。重要的房间可以设定为双向监控管理，对进出均进行身份检测。系统自动记录每次通过人员的时间、日期、卡号、姓名、部门、职务等信息，便于后续的查询统计工作。

可视对讲系统提供访客与用户之间的可视通话，既能进行语音图像的双重识别，又能减少大量的时间，提高工作效率，成为现代智能楼宇不可或缺的一部分。用户与物业之间的无线可视对讲系统，连接到门禁、红外报警探测器、烟雾报警探测器等，形成一个完善的安全监控网络，即使人不在房间内，物业也能及时反应，为楼宇内生命财产安全提供最大程度的保障。来客进入智能楼宇内部后，按门控器上的用户编号键，该用户接通后通过可视对讲系统对来人进行身份确认，用户按下按键后，将门禁的门控锁打开。不仅提高了楼宇内部整体管理和服务水平，还创造了安全的居住工作环境，受到人们的广泛欢迎。

7.3.7 综合布线系统

综合布线系统是智能楼宇内部进行信息交换的物理层，在建筑内部采用接口协议、标准统一的线缆和接插端口，用于传送声音、图像、数字数据等信号。由建筑各系统之间的连接电缆及相关联的布线部件组成。它是建筑内的信息传输网络，与通信设备、交换设备和其他信息管理系统连接，进行相互的信息连接。

综合布线系统通常由六个子系统组成，分别是工作区子系统、水平布线子系统、管理区子系统、垂直干线子系统、设备间子系统和建筑群子系统，采用星型结构布线，方便任何子系统独立接入综合布线系统。综合布线系统所遵循的国际标准为 ISO\IEC11801 及北美标准 TIA\EIA-568-B。中国综合布线系统标准为 2000 年 12 月 30 日正式颁发的《大楼通信综合布线系统规范》，并于 2001 年 1 月 1 日正式实施。

综合布线系统是智能楼宇内部的核心，不仅是因为其布局合理、统筹规划，它还在建筑内部与外部之间架起了一座网络联通桥梁。针对计算机、通信和控制的要求而设计的综合布线系统，能进行各种模拟和数字信号的传输，将语音、图像、监控、报警等设备的布线组合在一个标准之上，接口与接口之间只需要一根标准的线缆。所有的接插件都是积木式的，方便使用和扩充。在后期的运行维修过程中可以减少许多不必要的麻烦，快速定位故障区域。采用跳接线的设计，方便与不同厂商的各种通信、监控及图像设备进行结合，不需再与不同厂商进行布线协调，更是便于以后的布线线路变动和管理，减少在改动线路和管理上花费的时间、精力和金钱。

7.4 未来发展趋势

随着科学技术的进步，应用于建筑上的科技也日新月异，推动着智能楼宇向更高水平发展。同时，随着观念及收入水平的不断提高，人们对智能楼宇也提出了更高的要求。在设计上越来越追求生态与艺术，在功能上越来越追求实用化与智能化，在生活上越来越追求绿色节能。

建筑的外观本身就是一种文化的体现，在建筑外观追求多元化的今天，彰显着工作者和居住者的身份和形象。建筑科技的发展，为建筑外观的多样化、艺术化提供了可能性，像迪拜的帆船酒店、篮子公司的"篮子"外观。未来的建筑，设计师必将在实用性的基础上展现个性化的艺术，融入美术、艺术与人文，通过现有科技将其变成现实。通过建筑外观能够一眼看出其用途，分辨其风格。

受人工智能潮流的推动以及广大人民的追捧，智能楼宇成为未来建筑发展的主要趋势。在传感器技术、计算机技术、通信技术等多种前沿技术的基础上，与建筑艺术相融合，使得建筑物的功能得以拓展和延伸。未来，智能楼宇将以建筑物作为平台，将系统、管理和应用融为一体，在人们工作生活的需求之上自我监管控制，将建筑与家居、公司、个人进行互联，打造一个人与建筑和谐的有机整体。

对比传统建筑，智能楼宇更加绿色节能，这将表现在一是注重对建筑的采光、通风与周围环境相协调，注重空间的搭配以及对光能、风能等自然资源的使用；二是对系统内部软硬件的优化升级，减少不必要的电气设备，将各种分散的功能性设备模块化、集成化，减少不必要的冗余成本。

习　题

1. 阐述智能楼宇的定义。
2. 智能楼宇主要由哪几部分组成？
3. 智能供配电系统有哪些设备？
4. 简述智能暖通空调系统的组成。
5. 给出智能给排水系统的组成框图，并说明其给排水原理。
6. 智能安全防范系统主要分为哪几部分？
7. 简述综合布线系统的组成及意义。
8. 展望智能楼宇的未来发展趋势。

参 考 文 献

[1] 王用伦，邱秀玲. 智能楼宇技术[M]. 北京：人民邮电出版社，2018.
[2] 王再英，韩养社，高虎贤. 智能建筑：楼宇自动化系统原理与应用[M]. 北京：电子工业出版社，2011.
[3] 王正勤，迟忠君，许美钰. 楼宇智能化技术[M]. 北京：化学工业出版社，2015.
[4] 杨少春. 楼宇智能化工程技术[M]. 北京：电子工业出版社，2017.

[5] 刘娜. 智能楼宇中的通信自动化系统及其应用[J]. 自动化应用，2019，3(63)：148-149.

[6] 郭聿佳. 综合智能楼宇系统的设计与应用[M]. 北京：北京邮电大学出版社，2011.

[7] 姚远. 基于自动化技术的智能楼宇监控系统的应用与研究[J].价值工程，2018，37(30)：205-207.

[8] 吴小冬. 系统集成技术在智能楼宇信息化建设的研究[J]. 移动通信，2017，41(10)：38-41.

人工智能概论

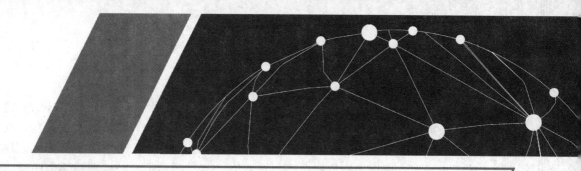

第8章 智能医疗

8.1 概　述

随着生活水平的不断提高，人们对于医疗健康的需求也发生了变化，更加追求高品质、个性化的医疗与健康服务。优质的资源主要集中在大中城市，配置不够均衡，医疗质量地区差异较大。部分基层医院的医疗水平仍停留在较低水平，与医学前沿发展脱轨。对于偏远地区，医疗供求矛盾更加突出，甚至无法普及基本的医疗保障服务。因此，人民日益增长的医疗健康需求同落后的社会医疗供给之间的矛盾，成为现阶段我国医疗健康领域发展的主要问题。

人工智能具有可复制、成本低、易推广的特点，是解决医疗健康问题的突破口。智能医疗的工作基于其日益丰富的知识库，其知识储备能力是人类医生远远达不到的。它在分析问题时能全面考虑，综合所有输入参数而没有遗漏；在检查诊断时能审视入微，识别人类感官难以辨别的细小差异。

高效的人工智能医疗系统还可以代替医生做一些重复性高且比较繁琐的工作，比如影像和病理检查方面，可以缩短检查时间、节省医疗资源。人工智能强大的学习能力更是能够让智能医疗系统不断自我优化，提高诊断效果。因此，人工智能技术与医疗健康的融合，将彻底改变，甚至颠覆传统的医疗健康行业，必然成为未来医疗健康领域的发展方向。

人工智能在医疗领域的应用由来已久，继 1968 年 DENDRAL 专家系统的问世引起开发专家系统的热潮以来，整个人工智能 2.0 时代涌现出一大批用于医疗的专家系统。表 8-1 是一些比较著名的医疗专家系统。

人工智能与医疗健康行业本身契合度高，且它们两者的结合具有极高的社会价值和商业价值。因此，进入 21 世纪以来，各大企业纷纷加入智能医疗健康研发领域，涌现出一系列有代表性的成果。

IBM 公司是最早将人工智能应用于医疗健康领域的科技巨头之一，其研发的 Watson 系统是人工智能领域的翘楚，早在 2011 年就因赢得了"危险边缘(Jeopardy!)"智力挑战赛而获得了全球关注。随后，Watson 凭借其强大的自然语言处理、知识表示和机器学习的能力，开始转战医疗健康领域。Watson 可以在 17 秒内阅读 3469 本医学专著、248000

篇论文、69 种治疗方案、61 540 次试验数据、106 000 份临床报告。2012 年，Watson 通过了美国执业医师资格考试，并部署在美国多家医院提供辅助诊疗的服务。2014 年，IBM 公司投资 10 亿美元成立 Watson 集团，次年 4 月又专门成立了 Watson Health 部门。IBM 公司收购了大量医疗健康大数据提供商、分析商，并与传统医疗器械和药物生产商、销售商，以及德州大学 MD 安德森癌症中心(MD Anderson Cancer Center)、纪念斯隆-凯特琳癌症中心(Memorial Sloan-Kettering Cancer Center，MSKCC)、克利夫兰诊所(Cleveland Clinic)等著名医疗机构开展了广泛的合作。IBM Watson 选择复杂癌症的诊断和治疗作为其主攻方向，癌症专家向 Watson 输入大量病历研究信息对其进行训练，使其成为一名癌症医学专家，协助医生诊断肿瘤，并为患者提供个性化的治疗方案。2016 年，Watson 肿瘤解决方案进入中国市场。

表 8-1　著名的医疗专家系统

医疗专家系统	研发单位	说　　明
AAPHelp	英国利兹大学	腹部剧痛的辅助诊断以及手术的相关需求
CASNET	美国拉特格斯大学	青光眼的诊断，指导思想还适用于其他疾病的诊断
INTERNIST	美国匹兹堡大学	内科复杂疾病的辅助诊断
MYCIN	美国斯坦福大学	传染病的感染菌诊断以及抗生素给药推荐
PIP	美国麻省理工学院	肾脏病医疗诊断
QMR	美国匹兹堡大学	一种临床诊断工具，包括 750 多种疾病的描述
DXplain	马萨诸塞州总医院计算机科学实验室	输入患者数据，输出附有优先级的可能诊断清单以及诊断理由或依据

　　Google 公司在智能医疗健康领域也十分活跃，为推动智能医疗健康的发展做了全面布局。2015 年，Google 公司对企业架构进行调整，成立母公司 Alphabet，其中有三家子公司 Verily，DeepMind 和 Calico 专注于医疗健康项目。Verily 承担了大部分的医疗任务，DeepMind 致力于寻找人工智能在医疗健康领域的应用方式，Calico 专注于研究衰老及其他年龄相关的疾病。2016 年 2 月，Google DeepMind 成立 DeepMind health，它与英国国家医疗服务体系(National Health Service，NHS)合作，开展医疗辅助决策的研究。Google 公司在智能医疗领域的研发重点包括糖尿病、帕金森症、心脏病等疾病的诊疗以及医疗器械的研发，已与多家制药和医疗设备公司建立合作关系。此外，Google 公司尤其重视医疗健康数据基础设施的建设，从创建数据通道、推广 Google 云、构建数据集三方面着手解决医疗健康领域的数据孤立问题。

　　在瓜分"智能医疗健康大蛋糕"的行列中，Microsoft 公司也是非常积极的。早在 2006 年，Microsoft 公司就开始通过投资、并购等重大布局，踏入智能医疗健康领域。2007 年，

Microsoft 公司推出了个人医疗健康管理平台 HealthVault。该平台可以梳理个人健康信息，全方位地呈现出健康状况，帮助用户实现健康目标。2014 年，Microsoft 公司又发布了一款更加开放的平台 Microsoft Health，从硬件和应用中收集数据，进而给出可供用户执行的建议。2016 年，Microsoft 公司推出人工智能医疗计划 Hanover，旨在通过人工智能深度学习理解医学专业论文，采用图像处理技术帮助医生了解肿瘤扩散过程，寻找最有效的癌症治疗方案和药物。2019 年，Microsoft 与 Philips、英国 Oxford BioMedica 等公司开展合作，开始由个人用户或终端用户的 C 端(Consumer、Client)向面向企业等组织的 B 端(Business)转型。

此外，Apple、Amazon、Facebook 等公司也通过设立医疗健康部门、开发医疗健康应用等方式踏入医疗健康行业。中国智能医疗健康领域的研究虽然比发达国家晚，但是发展速度却十分迅猛，百度、阿里巴巴、腾讯三巨头都针对智能医疗健康做出各自部署。

百度于 2010 年正式进军智能医疗行业，它与"好大夫在线"达成合作，通过"好大夫在线"平台向用户推送医疗知识。2013 年，百度云联合咕咚网推出咕咚智能手环，具有运动状况提醒、睡眠监测、智能无声唤醒功能。2015 年 1 月，百度正式成立移动医疗事业部，旗下有 Dulife 智能硬件平台、百度健康、拇指医生、百度医生、百度医学、百度医疗大脑、药直达等业务，希望通过大数据与线下医疗产业关联起来。2019 年 6 月，百度与东软集团达成合作，共同升级医院信息系统(Hospital Information System，HIS)，研发临床辅助决策支持系统(Clinical Decision Support System，CDSS)。

电商起家的阿里巴巴涉足智能医疗健康领域，则是从医药电商入手。2014 年 1 月，阿里巴巴通过收购中信 21 世纪，获得了第三方网上药品销售资格证和药品监管码体系，开启其智能医疗的发展之旅，同年 10 月，中信 21 世纪正式更名为阿里健康。阿里巴巴在健康领域的投资和布局，基本都是由阿里健康完成。阿里健康与药店、医院、物流、支付等展开广泛合作，在医药电商、产品追溯、智慧医疗和健康保险等领域全面布局，以期望形成全产业链、全流程的医疗健康体系。2017 年 3 月，阿里云宣布推出了 ET 医疗大脑计划，ET 医疗大脑通过大量学习医学数据和人工智能技术，在医学影像、药效挖掘、新药研发、健康管理等领域充当医生的虚拟助手。

腾讯在智能医疗健康领域的发展也延续了其"连接一切"的原则。2014 年腾讯上线了微信智慧医院，以公众号＋微信支付为基础，实现了预约挂号、问诊检查、电子报告、线上缴费、医嘱提醒等一条龙服务。2015 年，腾讯推出智能硬件产品"糖大夫"血糖仪，用于糖尿病管理。2016 年 3 月，腾讯腾爱医生与九大医生集团签约，共同打造医疗信息管理平台，完成了智能慢性病管理闭环的连接。同年 6 月，腾讯与其他企业合资成立企鹅医生。2017 年 8 月，腾讯发布了首个人工智能医学影像产品——腾讯觅影，具有 AI 医学影像和 AI 辅助诊疗两大功能。2018 年 6 月，腾讯开放了腾讯觅影的人工智能辅助诊疗引擎，这是国内首个开放的辅诊平台，助力医院的 HIS 系统。8 月，企鹅医生与杏仁医生合并为企鹅杏仁。2019 年，腾讯又发布腾讯医典。腾讯围绕腾讯微信智慧医院、腾讯觅影、企鹅医生、腾讯医典等成果，打造形成了一个完整的智能医疗健康生态圈。

总而言之，目前各大企业都争先在智能医疗健康领域跑马圈地，基本都拥有了自己的旗舰产品，并且凭借雄厚的资金或技术支撑，在其主攻领域取得了难以超越的战绩。这些企业在向智能医疗健康领域进军的同时，力求全面布局，又各有侧重，雄起起气昂昂，不怕挫折和失败，用人工智能改善医疗健康现状，提高人民群众的获得感和幸福感。

8.2　人工智能在医疗健康领域的主要应用

人工智能技术已经在医疗健康领域得到了广泛的关注，目前的应用主要有智能诊断决策、智能治疗方法、智能健康管理、智能药物研发、智能就医辅助等几个方面，具体如图8-1 所示。

图 8-1　人工智能在医疗健康领域的主要应用

8.2.1　智能诊断决策

诊断决策包含正确诊断、制订方案、合理用药等过程，需要做到准确、全面、连续才

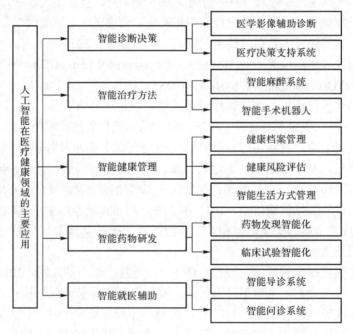

人工智能概论

能达到预期的治疗效果。传统上,诊断决策大都是通过问诊、把脉、检查等多种方法了解患者的具体身体情况,再由医生凭借自身的医学知识、临床诊断经验和逻辑分析能力,对病情进行分析判断,进而做出相应的诊断决策。这种诊断决策方法的有效与否很大程度上取决于医生的业务水平,主观因素影响较大。人类所患疾病多样多变,有时医生诊断失之毫厘,后期治疗将会谬以千里。智能诊断决策系统可以部分或全部地完成诊断决策工作,不仅可以减轻医生的工作量,而且能够减少错诊、漏诊,提高诊断的准确性,自主寻找最适合患者的治疗方案,做到因人制宜、因病而治的个性化治疗。

影像检查可以更加准确、直观地观察出患者的发病状况,是目前医生进行诊断的重要手段,也是诊断决策中的一个重要环节。有统计数据表明,医疗数据中有超过 90%来自放射成像、超声成像、内镜成像、病理学检查成像等医学影像检查结果。传统人工阅片需要专业的影像医生逐张查看影片,并依据其专业知识和个人经验进行判断,最后出具影像检查诊断报告。这一过程不仅费时,而且主观影响较大,很难做到定量分析,医生长时间工作容易疲劳,影响阅片的准确性。尤其是对于数据量大的影像,比如部分肿瘤病理图像尺寸可达 20 万×20 万像素,其中包含大量的细胞,医生要识别出异常细胞,不仅工作量大,且容易发生漏诊现象。人工智能阅片技术则会由机器完成初步的筛选和判断,再交由医生最后确诊。人工智能技术能够快速地完成筛查,减轻医生的工作量,缩短患者检查所用的时间,同时机器可以完整地查看分析整张影片,高度利用影片信息,得出更精确的诊断建议。

腾讯公司在 2017 年发布了医疗影像诊断分析系统——腾讯觅影,这是目前比较成功的辅助诊断系统。截至 2018 年 7 月,腾讯觅影已累计辅助医生阅读医学影像超 1 亿张,服务患者 90 余万人,提示风险病变 13 万例,已与国内 100 多家三甲医院达成合作,共建了人工智能联合医学实验室,推进人工智能在医疗健康领域的研究与应用。据报道,腾讯觅影已经能够实现对食管癌、肺癌、乳腺癌、结直肠癌、宫颈癌、糖尿病性视网膜病变的早期筛查。在对疾病进行筛查时,首先,根据实际需要对影像进行预处理,比如去掉影像中存在的不相关部位、对二维平面影像立体化、将影像尺寸色调进行标准化等。通过神经网络、深度学习等算法对病变位置进行定位,把位置明确地标识出来。最后,对病变的位置进行识别分析,判断是良性还是恶性病变。图 8-2 是腾讯觅影进行肺癌早期筛查的流程示意图。

在医疗决策支持系统方面,IBM 公司研发的 Watson 肿瘤解决方案应用范围较广、认可度也较高,一度被称为肿瘤诊断界的 AlphaGo。到 2018 年,Watson 肿瘤解决方案已经在世界十多个国家落地应用,中国有八十多家医院也引入了该系统。Watson 肿瘤解决方案学习了乳腺癌、肺癌、直肠癌、结肠癌、胃癌、宫颈癌、卵巢癌、前列腺癌、膀胱癌、肝癌、甲状腺、食管癌和子宫内膜癌共 13 种癌症,这 13 种癌症占全球癌症发病率和患病率的 80%。

系统使用超过 330 种医学期刊、250 本肿瘤专著以及超过 2700 万篇的论文进行了严格的训练，其中包括基于美国国立综合癌症网络(National Comprehensive Cancer Network，NCCN)的癌症治疗指南和 MSKCC 近 100 多年癌症临床治疗实践经验等。

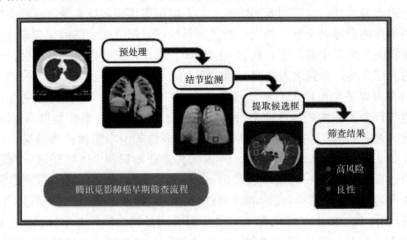

图 8-2　腾讯觅影肺癌早期筛查流程

Watson 肿瘤解决方案在辅助诊断决策时，主要包括三个环节。首先，分析患者的病历，根据所有记录和报告中的结构化和非结构化数据，提取患者的年龄、性别、病史等基本信息，分析治疗过程、复发转移情况等关键数据，这些资料也许会直接影响到具体治疗方法的选择。然后，Watson 就会把患者信息与临床知识、系统训练成果相结合，给出初步治疗建议。最后，Watson 利用它强大的处理器迅速从大量的文献中查找支持证据，给出决策诊断报告。给出的报告会列出符合病人情况的多个诊疗方案，并将其按照优先级排序，同时注明各个方案的循证支持和理论来源。这整个智能诊断决策过程仅需十几秒就能完成。

由于技术、数据等多方面的原因，目前世界上尚没有成熟、适用于多种疾病诊断决策的智能医疗系统。现有的辅助诊断系统和决策支持系统都仅适用于有限病种，且都是辅助性的，最终结论还是由医生来签字确认。因此，智能诊断决策的研究和应用之路任重而道远。

8.2.2　智能治疗方法

随着医学技术的不断发展，疾病的治疗方法也越来越多样化。中医治疗方法有针灸、推拿、拔火罐、刮痧等外治疗法，还有以中草药疗法为主的内治疗法。西医治疗方法有药物治疗、手术治疗等方法，其中药物治疗又包含口服、外用、注射等多种。目前，在各种治疗方法中都可以看到人工智能技术的身影，但较为成功的则是在麻醉及手术中的应用，可以有效减轻手术引起的痛苦，帮助病人更快更好地恢复健康。

麻醉是确保手术顺利进行，保证患者生命安全的重要保障。可以试想一下，没有麻醉的病人在手术室里会由于疼痛而凄厉地哀嚎，甚至不可抑制的颤动，会因为紧张导致心率加速、血压升高，手术还能够顺利进行吗？此外，麻醉不仅仅是通过药物使患者局部或全身失去知觉，不再感觉到疼痛，麻醉医生需要对患者的血压、心率、呼吸、电解质等影响机体内环境稳定的几乎所有的生理指标进行实时全面控制，须具备病理生理、药理、麻醉以及各科室的基础和临床医学多学科的知识。目前，我国乃至世界上的专业麻醉医生都严重不足，人工智能技术的出现和应用则为该问题的解决带来了曙光。

智能麻醉是将人工智能技术与麻醉工作相互结合的新兴技术，能够在精、准、稳指标上有效辅助麻醉医生工作，提高麻醉精度和水平。融合人工智能技术的智能麻醉系统能够识别语音、图像等信息，掌握麻醉医生的每一步动作，同时持续监测麻醉的深度，把麻醉过程中各方面的病理数据全部整理到一个数据库，系统内核可以快速对数据进行分析，并给出反馈结果。在麻醉操作不当时，会及时发出警报，并给出相关的具体信息，确保麻醉工作的顺利进行。再进一步，系统能够根据预先输入的患者身高、体重、年龄、过敏史、诊断报告等详细信息，测算出合适的麻醉剂处方以及各成分剂量、患者体内麻醉浓度、麻醉剂输注位置等参数，预测出患者的清醒时间，再由输注子系统根据测算结果自动定位完成输注，维持合适的麻醉深度，系统自动完成麻醉工作。同时，智能麻醉系统还能够管理患者综合生理指标的正常数据和异常数据，并结合生理病理知识以及根据临床病例训练的结果进行多参数分析，实现从患者决定接受手术治疗开始，到手术有关的治疗基本结束，整个围手术期内自动初诊、正常情况的监护和异常情况的警报等工作。

外科手术操作也逐步在向智能化方向发展。内窥镜技术的不断进步使得外科手术更加精准和微创，智能手术机器人的出现更是简化了外科手术的过程，提升了手术的质量和效率。智能手术机器人将空间导航控制系统、医学影像处理系统、机器人等智能系统集成在一起，在外科医生的控制下完成相关手术工作。目前，在医疗界比较有名的智能手术机器人是由 MIT 提出，后来由 Intuitive Surgical、IBM、Heartport 和 MIT 联合研发的名为 Da Vinic 的外科手术机器人系统。Da Vinic 于 1999 年取得欧洲 CE(Conformite Europeene)安全认证，2000 年取得美国食品与药品监督管理局(Food and Drug Administration，FDA)批准，是最具影响力的智能手术机器人之一。2006 年，中国也引入了第一台 Da Vinic。

Da Vinic 外科手术机器人系统的设计理念是通过使用微创的方法，实施复杂的外科手术，本质上就是一个高级腹腔镜系统。它主要由外科医生控制台、床旁机械臂系统、成像系统三部分组成，如图 8-3 所示。其中，外科医生控制台位于手术室无菌区之外，医生不与患者直接接触，而是通过控制台的两个主控制器和脚踏板来控制床旁机械臂系统和成像系统，机械手前端的各种微创手术器械会随着手术医生控制台的双手同步运动。床旁机械臂系统位于手术室无菌区内，是 Da Vinic 的操作部件，机械臂可以模仿人手的七个自由度，按功能可以分为器械臂和摄像臂，相当于把医生的双手和眼睛同时直接放入患者身体内部。床旁机械臂系统周围会有助手医生工作，负责更换器械和内窥镜，必要时可以强行控制机械臂以确保手术安全。成像系统也位于手术室无菌区之外，其内部装有手术机器人的核心处理器以及图像处理设备，可以由护士进行操作。

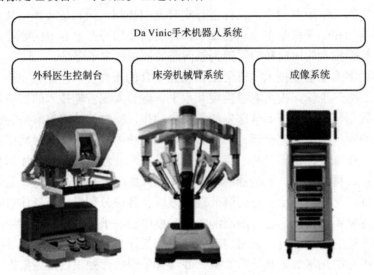

图 8-3　Da Vinic 手术机器人系统组成结构

　　Da Vinic 手术机器人系统可以用于成人和儿童的普通外科、胸外科、泌尿外科、妇产科、头颈外科以及心胸外科的手术。与普通腔镜手术相比，Da Vinic 的内窥镜为高分辨率三维镜头，可以将手术视野放大 10～15 倍，使手术精确度大幅提高，创口明显减小，利于患者术后修复。但是，Da Vinic 手术机器人也存在不足之处，比如没有触觉反馈、存在安全隐患、患者信任度不够等。另外，它只是一个"具有机器人特色的手术工具"，处于手术机器人的初级阶段，在许多技术性能方面还有很大的提升空间。

　　由机器人本体、3D 电子腹腔镜、镜头、机器人关节模组、智能控制算法构成的新型腔镜手术机器人，可以高度灵活地操作腕式手术器械，3D 腹腔镜头也提供了高清手术视野，使一些原本高难度的腔内手术操作变为现实和简化，同时减少了术中出血量，有效降低术后并发症发生概率，缩短了住院时间，提高患者术后生活质量。

　　MIT 设计的微型纳米输送机器人，可以携带药物进入肿瘤或其他疾病部位，实现最小有效剂量定位靶向给药。另外，磁性纳米机器人可以在外磁场和磁力作用下，穿越血管壁，克服血流阻力、血管壁阻碍，甚至血栓等障碍，实现精细、精确、精准治疗。

8.2.3 智能健康管理

随着人们对健康的重视程度不断增强，智能健康管理及相关产业迎来了春天，慢慢转变以往"只有身体不舒服的时候才去医院看病"的状况。智能健康管理是指整合医疗与信息技术资源，运用人工智能等高新技术，对个人或人群的健康危险因素进行全面管理，通过进行健康评价、制订健康计划、实施健康干预等非医疗手段帮助人们趋近或保持完全身心健康。智能健康管理的应用领域主要有健康档案管理、健康风险评估、生活方式管理等方面。

健康档案管理就是为每个服务对象建立档案，记录其基本资料、健康状况、体检报告、疾病病史、医疗康复资料、生活起居等信息。运用智能化技术与方法对每一个服务对象的健康档案进行筛选、补充、升级、完善，形成智能健康档案管理系统。目前，不少医院已经能够对在该医院建档的患者进行智能化档案管理，档案包含就诊时间、主治医生、诊断详情、治疗方案、消费清单等，但只是针对建档患者在该医院进行的治疗。在个人层面，还没有完善的健康管理档案。健康档案管理的理想目标就是可以像个人档案一样在出生时建档，但具体管理过程更加的智能化，包括出生信息在内的所有检查、问诊、治疗等信息，在医院等场所登记开始，自动同步到个人健康档案，并对所有档案按照时间、病种等逻辑进行筛选整合。智能健康档案有利于健康评估、疾病预测，在云平台对所有人的档案进行分析利于流感等传染性疾病的预测，具有极高的现实意义。

健康风险评估是对个人健康危险因素进行综合评估和健康管理的过程。随着经济的发展和人们生活方式的变化，社会开始进入老龄化，亚健康人群也与日俱增，慢性病肆虐蔓延。实现健康风险评估预警，进而提前进行干预调节，能够有效避免临床治疗的伤害，减少医疗支出。健康数据是进行健康风险评估的重要依据，除前面的健康档案之外，还有各种途径得到的实时监测数据，比如手环、手表等智能穿戴设备获取的心率、血压、睡眠状况，智能家居系统测试的环境温度、湿度，还有其他系统识别的面部表情、肢体动作等信息。智能健康风险评估系统可以将收集到的身体、心理、社会适应情况等信息进行量化，经过数据训练和知识学习后，最终得出服务对象的健康等级、可能存在的风险，以及相应的健康干预方案。

智能生活方式管理是指在科学方法的指导下，改变不良的生活习惯，培养健康的生活方式，从而降低健康风险。智能生活方式管理系统实际上是很多子系统的统称，比如智能戒烟子系统、智能睡眠子系统、合理饮食子系统、运动监管子系统等，不同的子系统依托于不同的软硬件结构。具体要应用哪个系统，培养哪种习惯，可以由人自己决定，或者是采取上述健康风险评估系统给出的健康干预方案。举个例子，智能戒烟子系统可以构建一个手机 App，通过蓝牙、WIFI 等方式与智能打火机、智能烟嘴、智能烟盒进行连接，根据用户的吸烟习惯、烟瘾大小等信息量身制订戒烟方案，进而控制智能打火机、烟嘴、烟盒的开关，同时还能对用户提出转移注意力之类的其他建议。

8.2.4 智能药物研发

据统计，一种新药从研发到上市至少经历 10～15 年的时间，平均成本 26 亿美元，其中药物研发的时间成本就高达 11.6 亿美元。图 8-4 所示是药物研发的基本流程。药物研发的费用高、周期长、成功率低，这一直都是压在制药企业身上的"三座大山"。因此，寻找能够提高药物开发效率的方法刻不容缓。

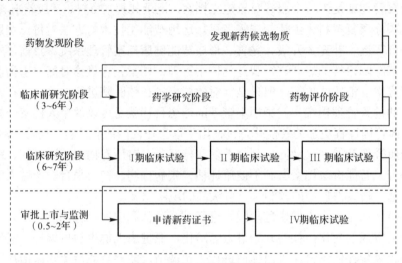

图 8-4　药物研发的基本流程

人工智能技术能够削弱，甚至消除这"三座大山"，在药物发现、临床前研究、临床研究等制药环节大放异彩。目前，人工智能在药物发现和临床试验阶段已经获得了一些初步成果。

药物发现是新药开发的第一步。早期人们通过从传统治疗方法中提取经验或者鉴定偶然发现的物质的活性来发现药物，之后开始用各种天然或合成物在完整细胞或整个生物体中进行试验来鉴定其是否有治疗作用。但是，无论是哪种方法，都具有很高的随机性，药物发现成本高、效率低，甚至曾经出现过虫卵这种荒谬的"药物"。利用人工智能技术进行药物发现主要有靶点筛选、药物筛选、药物优化三种方式。靶点就是人体内能够减缓或逆转疾病的部位，它可能是某种受体、酶、基因等，药物治病的过程实际上就是药物作用于靶点的过程，而靶点筛选就是应用人工智能技术将人体内的一万多个靶点与潜在药物进行交叉研究与匹配。测试市场上现有药物具体如何作用于哪些靶点，就可能实现老药新用或淘汰一些副作用大的药物。药物筛选的过程与靶点筛选的过程正好相反，药物筛选是利用制药企业积累的大量的潜在药物进行筛选，可以利用机器学习等方法开发虚拟筛选的技术部分或全部取代大批量实际试验，节约成本的同时还能提高筛选的效率和成功率。药物优化是指通过寻找或构造合适结构的生理活性物质，进而实现某种功效。应用人工智能技术可以推测或预测生理活性物质结构与活性的关系，进而推测靶点活性位点的结构，探寻或构造新的活性物质结构。

　　临床研究阶段人工智能技术主要应用于患者招募、服药管理、数据搜集三个方面。招募临床试验的患者一直以来就是制药公司面临的一大难题，是新药研发费用增高，周期延长的一大因素，而人工智能可以解决这一问题。患者自主或者是授权医院将其检查报告和诊断报告上传，制药公司会将上传的数据与临床试验数据库进行智能匹配，之后制药公司会与患者进行具体对接，患者招募流程如图 8-5 所示。临床试验中，受试者按照规定的药物剂量和疗程服用试验药物才能真实有效的对新药进行测试，这很大程度取决于受试者的自觉性。引入人工智能，可以通过面部识别或者在药物内部安装微型可食用传感器来识别受试者是否服用药物，进而督促他们吃药，以保证临床试验的真实性和可靠性。数据搜集遍布在整个临床测试的过程中，传统临床试验中受试者需要接受定期检查，但特定时间、地点进行的检查不能全面表征病人的身体状况，甚至容易出现偏差。这时可以应用可穿戴设备或其他小型检查设备进行实时体检，提高临床试验中患者参与度、数据质量和操作效率。

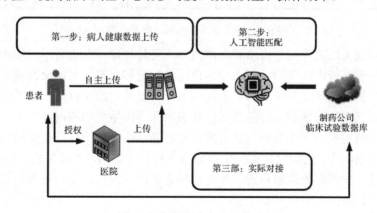

图 8-5　临床测试患者招募过程

8.2.5　智能就医辅助

　　智能就医辅助不是专业医学系统，而是为了提高诊疗效率或质量，在患者就医过程中进行辅助的系统，具体有智能导诊系统、智能问诊系统等。

　　智能导诊系统主要用于引导患者按流程就医。由于医院专业科室分工精细，一个诊疗过程涉及的功能单元往往分布在不同的科室或楼层，甚至在不同的楼宇，患者在就医过程中办理各种手续需要花费大量的时间，影响诊疗效率。而通过智能导诊系统，患者或其亲属就可以从智能导诊系统上查询就诊所需的全部信息，完成挂号、缴费等基本服务。智能导诊系统一般可以分成线下和线上的两种。线下导诊系统放置在医院中较为醒目的位置，患者持身份证或就诊卡进行操作；线上导诊系统设计成 Web 网站、微信公众号等方式，患者可以通过手机等移动终端进行访问。图 8-6 是一个智能导诊系统的功能示意图。

智能导诊系统功能

- 信息服务
  - 医院介绍
    - 总体介绍
    - 科室介绍
    - 医生介绍
  - 位置查询
    - 按职能查询
    - 按楼层查询
  - 就诊查询
    - 就诊环节查询
    - 就诊信息查询
- 办理业务
  - 建档办卡
    - 建立医疗档案
    - 办理就诊卡
  - 挂号预约
    - 现场/预约挂号
    - 取号
  - 充值缴费
    - 就诊卡充值
    - 支付诊疗费用
  - 打印业务
    - 检验报告打印
    - 消费清单打印

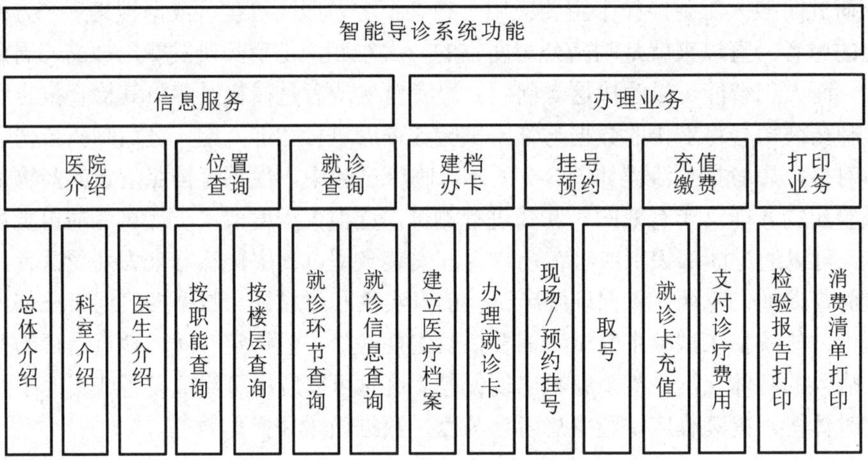

图 8-6　智能导诊系统的功能示意图

　　智能问诊系统可以用于院外自诊和院内问诊。院外自诊是在患者不方便去医院进行检查时，可以通过该系统进行问诊，初步确定自己的病症和问题，根据反馈决定是否需要采取急救或缓解措施，或者是否应该马上去医院治疗。院外自诊可以提升全民健康意识，帮助人们避免盲目就医和延误就医。院内问诊是患者在与医生见面或问诊之前，通过智能问诊系统向医生反映情况，旨在节约问诊时间，使患者尽快接受治疗。智能问诊系统具有很强的自然语言处理能力，它能够模拟医生对患者开展相关询问，主要包括患病时间、诱因、症状位置、颜色、频率等方面的问题，并能根据患者的回答自动生成规范的报告，传输到医院信息系统中，由医生进行初步诊断。

8.3　未来发展趋势

　　人工智能技术在医疗健康领域快速发展，许多应用不断落地。智能医疗技术能够提高诊断的准确率，为患者提供更高品质的医疗服务。同时，由于迁移便利，能够快速推广到偏远地区，改善医疗资源分配不均的问题。医疗行业从业者专业水平与其经验密切相关，医疗质量又直接关系到病人的生命安危，智能医疗仍以辅助为主，不能替代专业医生。未来智能医疗将会怎样？会不会代替医生？

针对现有医疗健康方面的需求和问题，结合人工智能技术的快速发展，完全有理由相信，未来智能医疗将会沿着智能化、人性化、规范化方向发展。

目前，医疗健康与人工智能技术的融合还处在初级阶段。如果将现在的智能医疗健康技术比作一个孩子，那么智能化就相当于孩子的不断成长发育，人性化就相当于孩子接收外界的关怀，规范化就相当于孩子在成长过程中受到各方面的约束。三者之间相辅相成，缺一不可。

智能化是智能医疗健康的主要特征。现阶段，医学影像辅助诊断系统能诊断一些特定的病例，但准确率也不足以代替人类医生；医疗决策支持系统能就一部分疾病针对患者的检查报告给出具体的治疗方案，但方案并不能保证完善，仍需医生最终下定论；智能手术机器人能够在医生的控制下进行手术，但不能自主完成手术过程，……现有的智能医疗健康水平还有待提升。未来的智能医疗健康技术将向智能化的方向继续发展，智能水平足以替代人类医生，实现自主决策、自主治疗。

人性化是智能医疗健康的重要条件。现阶段人工智能应用大多建立在数据采集、分析的基础上，在医疗领域，将会收集许多包含个人隐私的健康信息，如证件号码、病史等，这些隐私信息在利用的时候必须做好保护工作。另外，人工智能毕竟是机器，无法真正像人类一样思考问题，在治疗过程中如何在"相互理解"基础上与患者沟通，增加人文关怀，应是未来智能医疗健康发展应该努力的方向。

规范化是发展智能医疗健康的必要环节。人工智能进入医疗健康领域使原有的诊疗模式发生了翻天覆地的变化。相比人类医生，可能人工智能诊断的准确率更高、决策的可行性更强、治疗的方法更好，但也不能保证其所有的行为都正确，它产生的医疗纠纷又如何处置？到底是制造者负责，还是使用者负责，这些问题都应该明确。因此，必须在其发展初期就建立、完善相关的法律法规和处理机制，做到医疗机构、患者以及智能医疗健康系统制造者之间权责分明。

习　题

1. 与传统医疗方式相比，智能医疗健康技术有哪些优势？
2. 人工智能技术在医疗健康领域的应用主要有哪些？
3. 简述 Watson 肿瘤解决方案辅助决策的过程。
4. Da Vinic 手术机器人由哪几部分构成？使用 Da Vinic 手术机器人有哪些优势？
5. 智能健康管理主要包括哪些方面？

6. 结合实际情况，谈谈你对智能医疗健康技术发展趋势的看法。

参 考 文 献

[1] 李开复，王咏刚. 人工智能[M]. 北京：文化发展出版社，2017.

[2] KAPLAN Jerry. 人工智能时代[M]. 杭州：浙江人民出版社，2016.

[3] KOOI T，LITJENS G，VAN Ginneken B，et al. Large scale deep learning for computer aided detection of mammographic lesions[J]. Med Image Anal，2017，35：303-312.

[4] Polson，Nick，Scott，James. AIQ: How artificial intelligence works and how we can harness its power for a better world[M]. London: Transworld Publishers，2019.

[5] 陈金雄，王海林. 迈向智能医疗：重构数字化医院理论体系[M]. 北京：电子工业出版社，2014.

[6] Boden，Margaret. Artificial Intelligence：A Very Short Introduction[M]. Oxford: Oxford University Press，2018.

[7] 唐雄燕. 基于物联网的智慧医疗技术及其应用[M]. 北京：电子工业出版社，2013.

[8] Hand，DAVID J，Hand，D. J. Artificial Intelligence and Psychiatry[M].Cambridge: Cambridge University Press，2009.

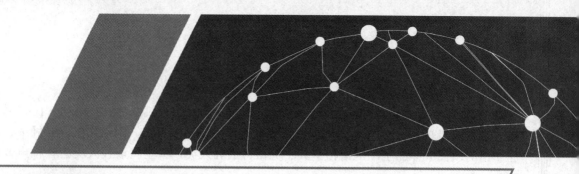

第9章　智能博弈

9.1　概　　述

博弈是指个人或者组织，在一定的规则和环境条件约束下，依靠所掌握的信息，选择并实现各自的行为或者策略，并最终取得各自相应结果或收益的过程。博弈的基本要素包括参与人、行为、信息、战略、支付函数、结果、均衡。博弈问题体现在人类生活的各个方面，可以说是无处不博弈。例如，商家与消费者之间的买卖博弈；国与国之间的经济、军事、人才和科技的竞争博弈；体育比赛各个比赛选手之间的博弈。甚至，英国生物学家达尔文"适者生存"的竞争理论都可以归结为博弈问题。

游戏是一种娱乐与博弈的结合方式。古希腊伟大哲学家柏拉图对游戏的定义是一切动物和人的幼子生活和能力跳跃需要，而产生的一种有意识的模拟活动。他的学生亚里士多德对游戏的定义是劳作后的休息和消遣，但不带有任何目的性的一种行为活动。Sony 公司的 Ralph Coster 认为游戏是在快乐中学会某种本领的活动。因此，博弈游戏是所有哺乳类动物，特别是灵长类动物学习生存的第一步，是一种基于物质需求满足之后，在一定时间、空间范围内遵循某种特定规则，以及追求精神满足的社会行为，很好地体现了休闲和对抗特性。

人机博弈则是人类和智能机器设备之间的一种现代博弈形式。人机博弈，顾名思义，就是运用博弈论的知识，赋予计算机等机器设备与人博弈的能力。从 20 世纪 50 年代，第一个博弈类计算机程序诞生以来，人机之间的博弈就从未终止，也成为反映人工智能进步的一面镜子。

20 世纪 60 年代初，IBM 公司的 Arthur Samuel 开发出了第一个能够"学习"的西洋跳棋程序，并在 1963 年击败了美国跳棋大师 Robert Nellie。

在攻克了跳棋的堡垒后，人工智能又给自己树立了另一个挑战对象——国际象棋。国际象棋是一种二人对弈的棋类游戏，棋盘为正方形，由 64 个黑白相间的格子组成，棋子分黑白两方共 32 枚，每方各执 16 枚，是一项非常具有智力挑战的竞技运动。1997 年，IBM 公司设计的 Deep Blue 计算机击败了据说有着高达 200IQ、国际象棋世界冠军、首屈一指的顶尖大师加里·卡斯帕罗夫。机器将战胜人类，甚至将取代人类的各种声音也喧嚣一时。

"我认为计算机如果想打败职业围棋棋手，恐怕这辈子都不会看到"，这是欧洲围棋冠军樊麾在对战 Deepmind 公司的 AlphaGo 前的感慨。为什么呢？这是因为在 19×19 的棋盘上，围棋一共有 361 个落子点，每个落子点都可以落白子、黑子和空白三种可能，因此最终棋盘的落子情况有 3^{361} 种可能局面，大致的计算量是 10^{170}，而宇宙中的原子数量约为 10^{80} 个，所以围棋的复杂度数量级远超宇宙原子数量。按照当下最厉害的量子计算机发展水平，大约为每秒 10^{34} 次，而能够达到这个运算级别的计算机全球也就仅有几台，就算假设有 1 万亿台这样电脑，一起运算速度也才达到每秒 10^{46}，假如运算 1 万亿年，约为 10^{20} 秒，运算量也仅能达到约 10^{66}，还不到整个围棋计算量的一半。因此，要想通过穷举计算法暴力破解围棋，基本不可能，这也是为什么有人可以断定计算机不能在围棋上战胜人类的原因。

然而，Google 旗下 Deepmind 公司的 AlphaGo 在 2015 年打败了欧洲围棋冠军樊麾，2016 年在对围棋世界冠军、韩国棋手李世石九段的"人机大战"中以 4：1 告捷，2017 年又以 3：0 战胜了世界排名第一的围棋冠军、中国棋手柯洁九段。AlphaGo 相继战胜各大围棋高手，可以说是机器战胜人类的一大进步，被视为人类在人工智能发展道路上的又一里程丰碑。

进入 20 世纪 80 年代后，博弈游戏行业出现了多元发展的趋势。其中，电子竞技可谓"一枝独秀"，而且几年间已经席卷全球，大大小小的赛事数不胜数。电子竞技的精彩背后是由于存在人的操作，人会判断失误，正因如此才会充满诸多好奇和逆转机会，奇迹经常诞生在不经意间，也会让比赛的结果变得不可预测。然而，"随风潜入夜，润物细无声"，不知不觉间人工智能的发展也开始渗透到电子竞技领域。人与人之间的对决早已司空见惯，但倘若换成人与人工智能之间的对决又会是怎么样呢？

Deepmind 公司的 Demis 博士开发了一个可以自己独立钻研如何玩电子游戏的程序，这个程序受到人脑运作机理的启发，已经自主学习、掌握了 49 款 Atari 公司的经典游戏。而且在一半以上的游戏中，它都能赢，甚至超过专业级的人类玩家。

在伦敦 TechCrunch Disrupt 大会上，TI 和人工智能公司 Arago 开发了一款"在问题解决过程中模拟人类的记忆和技能"的人工智能程序 HIRO，并且在 Freeciv 游戏中能击败约 80% 的人类玩家。

电子游戏 DOTA2 是 DOTA 的地图核心制作者 IceFrog 与美国 Valve 公司联合研发的一款游戏。Dota 的游戏世界由天辉和夜魇两个阵营组成，分有上、中、下三条作战道路，中间以河流为界。每方阵营可以选择由五位英雄担任守护者，以守护己方远古遗迹并摧毁敌方远古遗迹为使命，通过提升等级、赚取金钱、购买装备和击杀敌方英雄等手段达成胜利。此外游戏中还有其他可互动的物品和树木，所以极具娱乐性和对抗性，吸引了众多玩家进行挑战。人工智能程序 OpenAI 就在 DOTA2 游戏中一对一的规则下，击败了世界顶级玩家。

已经有人工智能公司宣布，他们研发的人工智能程序已经在游戏里击败世界排名前 1% 的人类玩家了。同时，随着人工智能被广泛地应用在电子竞技游戏领域，已经有王者荣耀、和平精英等多款游戏成功地使用了可扩展的人工智能技术。

StarCraft II 是一款全球流行的即时战略游戏，由于需要猜测和侦察对方的行动，玩家在任何一个情景中都面临海量选择，是一个非常接近现实世界的复杂虚拟环境，属于"不完美信息博弈"。StarCraft II 欧洲服务器的"盲测"显示，DeepMind 开发的人工智能程序 AlphaStar 在游戏中横扫 StarCraft II 职业玩家，超越了 99.8% 的人类玩家，在游戏的人族、神族、虫族排名中均达到最高的"宗师"级别。DeepMind 研发团队在《Nature》上报告了这项成果。

9.2　人工智能在博弈中的应用

9.2.1　Deep Blue

22 岁时，Garry Kasparov 就成为第十三位国际象棋世界冠军，是当时世界上最年轻的国际象棋冠军，曾 11 次获得国际象棋奥斯卡奖。在 1985 年至 2006 年间曾 23 次获得世界第一，在 1999 年 7 月达到 2851 国际棋联国际等级分，创造了历史最高纪录，可以说是国际象棋史上的奇才，被誉为"棋坛巨无霸"，代表着国际象棋的最高水平。

1997 年美国 IBM 公司研制的超级计算机 Deep Blue 击败了 Kasparov，如图 9-1 所示。后来，Kasparov 回忆说："当我成为国际象棋世界冠军时，计算机刚刚达到了世界冠军的水平。这是我的幸运，也是我的不幸"。

Deep Blue 超级计算机是 IBM 公司专门为国际象棋对弈而设计的，但局限于当时人工智能的发展水平，Deep Blue 的棋艺不是靠自己"学"出来的，而是被"教"出来的。IBM 公司的程序员将 Joel Benjamin、Miguel Illescas、John Fedorowicz 和 Nick de Firmian 等国际大师的对弈信息，以及近百年来所有国际象棋大师几十万局棋的开局残局下法和规则，通过编程输入进了 Deep Blue。研究团队还请来多位国际象棋特级大师与 Deep Blue 对弈和训练，然后将这些训练的成果用于棋局评估和棋库之中。

图 9-1　Kasparov 对战 Deep Blue

另外，Deep Blue 的大部分逻辑是以"象棋芯片"的形式用硬件电路的方式实现的，采用"暴力穷举"生成所有可能的走法，不断对局面进行评估，最终找出最佳走法。

当时，参加比赛的 IBM Deep Blue 超级计算机，用了 30 台 IBM RS/6000 工作站，每台都有一个当时最先进的主频为 120 MHz Power2 CPU 加上 16 个 VLSI 国际象棋芯片，所以 Deep Blue 的计算资源是 30 个 CPU 加 480 个专用芯片，理论搜索速度达到每秒 10 亿个棋局，它能够在下棋的过程中不断对局势进行分析，找到人类棋手在下棋时的弱点。

Deep Blue 大捷后，一场关于机器智能是否已经超过人类，机器人是否能够统治人类的讨论在全世界开展起来。虽然，在当时看 Deep Blue 战胜 Kasparov 是一件很轰动的新闻，但是，现在来看 Deep Blue 只是存储了一百多年的经典棋局，然后凭借其运算速度和海量程序存储出棋，而不像人类一样去思考，因此它并不算拥有真正的智能。但是，这是人类科学技术的进步成果，是人类智力成果战胜人类自身的一次胜利，也是人工智能技术发展历程中的一个标志性事件。

9.2.2　AlphaGo

AlphaGo 是由 Google 公司 DeepMind 团队研发的围棋机器人，是第一个击败人类职业围棋选手、获得围棋世界冠军的人工智能机器人。

2016 年 1 月 27 日，国际顶尖期刊《Nature》封面文章报道，AlphaGo 在没有任何让子的情况下，以 5∶0 完胜欧洲围棋冠军、职业二段选手樊麾。

2016 年 3 月，AlphaGo 在韩国首尔挑战世界围棋冠军李世石九段，如图 9-2，最终以 4∶1

的总比分胜出。

图9-2　AlphaGo 对战李世石

2017 年 5 月，AlphaGo 在中国乌镇围棋峰会上，以 3∶0 的总比分战胜排名世界第一的世界围棋冠军柯洁九段。

2016 年到 2017 年，AlphaGo 在中国棋类网站上以"Master"为注册账号与中、日、韩数十位围棋高手进行快棋对决，连续 60 局无一败绩。

为什么 AlphaGo 能够战胜人类呢？

第一，AlphaGo 的硬件资源非常强大。据报道其中央处理器系统由 1202 到 1920 个 CPU，176 个 GPU 组成。这在当时，可以说是用钱砸出来的，只有 Google 这样的少数公司才有这般实力。第二，AlphaGo 拥有着大约 15 万职业棋手和百万业余围棋高手的棋谱。第三，AlphaGo 采用了一种最新的特征学习方法——深度卷积神经网络。这种网络的层数多，学习和分类的能力强，可以对局部图像进行卷积计算，而且效率很高。第四，AlphaGo 具有了自我学习、自我成长的强化能力。强化学习包括感知、行动、奖赏三个环节，构成一个状态转移空间。通常的强化学习的算法训练只能解决很小的状态转移空间，AlphaGo 面临的是一个超大转移空间的问题，同时还是一个带有超长延时训练标注的问题。因此，AlphaGo 采用深度学习中的深层循环神经网络，用以解决上述学习问题。

AlphaGo 采用了与人类学习类似的深度学习、强化学习、蒙特卡洛树搜索(Monte carlo search tree，MCTS)的综合式学习方法架构，再加上大数据、云计算、CPU 和 GPU 资源，所以 AlphaGo 成功的背后是强大的人类智慧、智能的体现。

2017 年 10 月 19 日，Google 公司 DeepMind 在国际学术期刊《Nature》上声明开发了拥有 4 个 TPU 的新一代 AlphaGo Zero。不同于 AlphoGo 家族中前几代，AlphaGo Zero 可以从一无所知的空白状态学起，在无任何人类输入的条件下，它就能够迅速自学围棋，经过 3 天的训练便以 100∶0 的战绩击败了对战李世石的 AlphoGo Lee，经过 40 天的训练便击败了对战柯洁的 AlphoGo Master。

9.2.3 DOTA2

DOTA2 是全球最具有影响力的一款电竞 MOBA 游戏，高峰时最多有近百万玩家在线游戏，在 STEAM 上也是常年稳坐在线玩家人数排行榜的头把交椅。而且，DOTA2 有当前所有电竞游戏中最高奖金池——每年 4 千万美元。

2017 年，在 DOTA2 国际邀请赛 TI7 上，OpenAI 与当时的人气选手 Dendi 进行了一场对决，最终结果是 OpenAI 战胜了 Dendi。而且，OpenAI 没有任何失误的卡兵、补刀，凶狠的线上压制，完美计算收益比的补给操作，让世界冠军 Dendi 头疼不已、惨败而归。

2018 年 6 月，OpenAI 的能力已经扩大到完整的五人团队——OpenAI Five，并且可以击败业余和半职业玩家的队伍。正式比赛之前，OpenAI Five 先进行了两场对观众的娱乐赛，毫无悬念，均以人类失败告终，拆塔如入无人之境。其中第二场比赛仅用时 9 分 28 秒人类上路高地塔就告破，不到 14 分钟，观众队就输给了 OpenAI Five。在对战职业选手的正赛上，OpenAI 以碾压之势，连胜两局，整个对战过程中，人类阵营可谓一败涂地。这支被 OpenAI 虐杀的队伍，天梯积分都在 6500 分以上，天梯排名最低的也在 1000 名左右。

2019 年 4 月，OpenAI Five 在 DOTA2 中以 2∶0 击败了世界冠军团队 OG，显示出了人工智能的强大威力，也正式宣告人类在 DOTA2 这种高难度游戏中成为人工智能的手下败将。

根据报道，OpenAI 配置了 256 个 P100 GPU 和 12.8 万个 CPU 核心，并且采取了结合近端策略优化算法。另外，OpenAI Five 战队，包含了 5 个智能体，每一个都是包含 1024 个节点的单层 LSTM，通过机器人程序接口 Bot API 掌握游戏状态，控制英雄移动、攻击、施放技能、使用道具。同时，它能够观察到自身、队友和敌人的状况，比如位置、血量、攻击力、护甲、携带物品等。

相对于象棋、围棋而言，电子游戏更加能够反映真实世界的混乱与连续的本质。因此，人工智能在 DOTA2 这类电子游戏中战胜人类职业战队，具有相当大的意义。

9.2.4 ImageNet 大规模视觉识别挑战赛

ImageNet 实际上是一个用于视觉对象识别软件研究的大型可视化数据库，它拥有超过 2.2 万个类别，1500 万张左右被手动标注的图像，并且至少有 100 万张提供了边界框的图像。ImageNet 的结构是按照目录、子目录、图片集形成的一个类似金字塔形的树状网络，树干拥有多个分枝，每一个分枝含有至少 500 个对应物体的可供训练的图片、图像。ImageNet 不但是计算机视觉发展的重要推动者，也是人工智能 4.0 中深度学习热潮的关键驱动力之一，有人工智能"世界杯"之称。

2009 年，ImageNet 数据库还只是以一篇论文"ImageNet：A Large-Scale Hierarchical Image Database"呈现在美国 Florida 举行的计算机视觉与模式识别(Conference on Computer Vision and Pattern Recognition，CVPR)会议上。

2010 年，由于各种新算法的应用，图像处理技术和识别率取得了显著提高。之后，ImageNet 每年举办一次进行图像分类与目标定位、目标检测、视频目标检测、场景分类的竞赛，即 ImageNet 大规模视觉识别挑战赛(ImageNet Large Scale Visual Recognition Challenge，ILSVRC)。

2011 年，ILSVRC 图像分类错误率为 26%。

2012 年，Hinton 和他的学生 Alex Krizhevsky 设计了深度卷积神经网络 AlexNet，使 ILSVRC 分类错误率降到了 16%，取得了很大的突破，并最终取得冠军。

相比于传统神经网络，AlexNet 有以下几个特点：第一是采用了 ReLU 作为 CNN 的传输函数，解决了 Sigmoid 在网络较深时存在的梯度弥散问题。第二是训练时使用了 Dropout 机制，忽略了一部分神经元，避免了算法过拟合问题。第三是使用了重叠的最大池化，避免了平均池化的模糊化效果。第四是采用了局部响应归一化层 LRN 层，使得响应比较大的值变更大，抑制了反馈较小的神经元，这种对局部神经元的活动引入竞争机制的方法，有效增强了网络的泛化能力。第五是使用了 CUDA 加速深度卷积网络的训练。利用 GPU 强大的并行计算能力，处理神经网络训练时大量的矩阵运算。第六是采用了数据增强机制。随机地从 256×256 的原始图像中截取 224×224 大小的区域，相当于增加了 $2 \times (256-224)^2 = 2048$ 倍的数据量。克服了参数过多时网络陷入过拟合的问题，提升了模型的泛化能力。

2015 年，Microsoft 研究院的 He-Kaiming、Ren-Shaoqing 等人提出了一种残差学习神经网络(Residual Neural Network，ResNet)，在目标定位比赛中 ResNet 将上一年 25%的错误率下降到了 9%。ResNet 网络可以直接将输入信息绕道传输到输出端，即 shortcut 或 skip connections 措施，保护信息的完整性，网络只需学习输入、输出之间的残差，大大简化了学习目标和难度，在一定程度上解决了传统的卷积网络或者全连接网络在信息传递的时候存在信息丢失、损耗，以及导致梯度消失、梯度爆炸等网络训练问题。

2016 年，来自中国的团队分外夺目，CUImage、Trimps-Soushen、CUvideo、HikVision、SenseCUSceneParsing、NUIST 等团队基本包揽了各个项目的冠军，如 Trimps-Soushen 代表队在目标定位比赛中位列第二，视频目标检测和场景分类赛中均位列第四，目标检测比赛中位列第七，使用额外数据的情况下，目标定位任务取得了单项第一。

2017 年，来自中国的 360 人工智能团队夺得了最后一届 ImageNet 挑战赛 ILSVRC 的冠军。大会发起人李飞飞在会上表示，ImageNet 挑战赛将与最大的数据科学社区 Kaggle 结合，认为只有将数据做到民主化，才能实现人工智能民主化。

ImageNet 共举办了八届挑战赛，从最初的算法对物体进行识别的准确率只有 71.8%上升到 97.3%，识别错误率已经远远低于人类的 5.1%，为计算机视觉技术发展做出了巨大贡献，也极大地促进了人工智能技术的提高，有人工智能"催化剂"之称。

9.2.5 Robocup 机器人足球大赛

1993 年 6 月，在日本东京举办了一场名为 Robot J-League 的机器人足球赛。随后得到众多国家研究者的响应，并扩展成国际性项目，机器人世界杯(Robot World Cup)应运而生，并简称为 RoboCup。

1997 年 8 月，第一届正式的 RoboCup 比赛和会议在日本的 Nagoya 举行，比赛设立了小型机器人、中型机器人和计算机仿真三个赛组，来自美、欧、日、澳等国家的 40 多支球队参赛，观众达到 5000 余人。

目前，RoboCup 足球赛分为小型、中型、类人、标准平台和足球仿真五个赛组。

小型组机器人足球是机器人世界杯一项主要赛事，也是最古老的足球联赛，主要集中解决多个智能机器人之间的协作，以及在混合集中式、分布式系统下高度动态环境中的控制问题。

中型组机器人主要集中在直径小于 50 厘米的机器人，最多 5 个机器人上场踢足球。所有传感器都需安装在机器人上，且使用无线网络来进行信息传输，旨在提高机器人的自主、合作、认知水平。

类人组比赛要求使用具有与人类相似外观及感知能力的自主机器人进行足球比赛。类人组的研究问题涉及动态行走、跑步、场地、自定位以及动态平衡状态下视觉感和通信等。

标准平台组是一个机器人足球组，现在所有的团队都使用的标准平台是 Aldebaran 机器人公司开发的 NAO。但是，机器人的操作完全是自主的，即没有人为或者计算机的外在控制。

仿真组比赛不需要任何的机器人硬件，其关注的是人工智能和团队策略。RoboCup 比赛也很关注机器人在实际生产、生活中的具体应用，每年会举办一些针对某些具体应用的比赛，如机器人救援仿真系统大赛、机器人世界杯工程组大赛、机器人世界杯物流联赛，以及针对中小学生的机器人世界杯青少年组大赛等。机器人世界杯物流联赛的目标是实现物流领域的科技化，从而通过自主移动的机器人协调小组实现物流行业的智能无人化。机器人的任务是从仓库中取出原材料，通过机械将它们按照特定的顺序移动，并最终传送到目的地。

2019 年，Robocup 机器人世界杯在澳大利亚悉尼举办，浙江大学代表队获得小型组机器人的冠军。

从 Robocup 机器人足球大赛可以看出近些年足球机器人技术不断发展，但全球人形机器人领域面临的挑战是硬件的发展滞后于软件的发展。众所周知，机器人是一个庞大的硬件与软件结合的智能控制系统，机器人的每一个动作都涉及大量的计算，需要有强大的底层硬件系统处理，现阶段硬件的发展速度明显落后于软件的开发。人工智能技术的革新与发展促使硬件的发展需要提升到相应水平，拥有稳定且强大的硬件是需要突破的下一个瓶颈。因此，距离 Robocup 机器人最终目标"在 2050 年实现一支完全自治的人形机器人足球队，能在遵循国际足联正式规则的比赛中，战胜最近的人类世界杯冠军。"还相去甚远，还有很长的一段路要走。

9.3　博弈游戏中的技术规则

从人机大战、电子竞技、ILSVRC 等典型人工智能案例中可以发现，博弈游戏中博弈双方或者各方参与者，包括博弈游戏的倡导、开发者，为了达到各自的目的，取得各自相应的结果或收益，都会采用一定的技术规则，也会赋予其一定的特点，而人工智能技术则需要在某些方面强化这些规则和特点。

1. 有序规则

在博弈游戏设计中，事件的发展、状态的改变应该是按照有序的规则进行，即具有一定规则，按序展开。具体来说，博弈游戏中对弈方的状态是有限状态，其推进方式是由某一数学公式或者模型运算达成的，其发展趋势是可预测的。以流行的水果忍者游戏为例，游戏中水果的状态是有限状态，其运行轨迹是由模拟物理运动规律的计算公式运算而成的，一个香蕉抛起来后会按照抛物线运行，其每一帧位置变化都是一个状态的改变，状态改变通过计算公式来决定。这种输入决定输出、输出取决于输入的有序规则，可以溯源到人工智能技术中的有限状态机理论。同时，由于它相当容易实现和调试，所以是各种博弈游戏中最常见的一种规则。

但是，如果博弈游戏的逻辑规则非常复杂，这种有限状态机方法就有一定不足了。如水果忍者中用手随机在屏幕上"切"了水果，水果感知到这个事件后，会按照程序逻辑进入爆炸状态。这种情况下"爆炸"是规则，但"切"的时间和位置是随机的，有限状态机似乎就心有余而力不足了。此时，可以采用模糊状态机等机制来处理。模糊状态机是有限状态机的一个延伸，会使博弈游戏更加的细致和丰富，相对于有限状态机来说可以存储更多的内容状态，为博弈各方省去更多时间，并且会获得更好的体验。

2. 搜索规则

在博弈游戏中，博弈各方需要及时针对各种状态做出决策，而决策就需要预测出后一状态的各种可能性，其最好方式就是搜索各种可能，并以直观易懂的方式呈现出来。

通常的穷尽搜索一定可以找到游戏的全局最优值，但由于对计算资源和硬件水平的苛求，以及暴力搜索的复杂度随着搜索的深度呈指数型增长的缺陷，只适用于一些小型博弈游戏，对大型、复杂性、实时性要求比较强的则只能望洋兴叹了。

智能搜索是一种结合了人工智能技术的新一代搜索引擎，除了能提供传统的快速检索、相关度排序等功能，还能提供用户角色登记、用户兴趣自动识别、内容的语义理解、智能信息化过滤和推送等功能。

MCTS 是一种基于树数据结构、能权衡探索与利用、在搜索巨大空间时仍然比较有效的搜索算法。蒙特卡洛树搜索就是各种智能搜索中最常用的一种。这种树搜索算法主要包括 Selection、Expansion、Simulation 和 Backpropagation 四个步骤。第一步，Selection 就是在树中找到一个最好的节点，一般策略是先选择未被探索的子节点，如果都探索过就选择上限置信区间 UCB 值最大的子节点。第二步，Expansion 就是在选中的子节点中走一步创建一个新的子节点，一般策略是随机选择一个子节点并且这个操作不能与前面的子节点重复。第三步，Simulation 就是在选出的节点上开始模拟游戏，直到游戏结束状态，并计算出这个节点的得分。第四步，Backpropagation 就是把节点得分反馈到前面所有父节点中，更新这些节点的量化值和时间，方便后面计算上限置信区间 UCB 值。另外，值得提及的是 AlphaGo 用的就是 MCTS 算法。

3. 决策规则

决策规则就是根据博弈游戏的可能性，在现有信息和经验的基础上，借助一定的工具、技巧和方法，对影响目标实现的诸因素进行分析、计算和判断选优后，对未来行动做出决定。

决策树是机器学习中常见的一种人工智能方法，它是在已知各种情况发生概率的基础上，通过构成的决策树来求取净现值的期望值大于等于零的概率，进而评价项目风险，判断其可行性的决策分析方法，是直观运用概率分析的一种图解法。这种方法是自上而下生成的，每一个决策事件都可能引出两个或多个事件，从而导致不同的结果。

这里为了说明决策树机制，可以设计一个"猜猜猜"的小游戏。假如，一个农场有猪、狗、鸡、鸭四种动物，参与游戏的甲、乙两人要通过只回答"是"与"不是"猜出"鸡"这种动物。

甲：吃肉吗？

乙：不是

甲：长翅膀吗？

乙：是

甲：会游泳吗？

乙：不是

甲：鸡

乙：是

这种决策机制就是决策树中最简单的一种，图灵测试与这个类似，只不过决策树更复杂些。

9.4 未来发展趋势

近年来由于集成芯片技术的飞速发展，硬件计算性能的逐步提升，人工智能技术在博弈游戏中的应用也取得了类似 AlphaGo 这样的重大突破。很多大型的科技和博弈游戏公司对人工智能技术更加重视，出现了专门研究博弈游戏的人工智能技术研发人员，并且在开发团队中占有重要地位。

人工智能技术的发展会使博弈游戏越来越丰富，越来越吸引人。同时，博弈游戏中产生的问题也会带给人工智能发展许多新的启示，智能搜索、深度学习技术就是很好的例子。

未来博弈游戏的发展趋势和大方向是"学习"以及"适应"，博弈参与方的行为不再是预先设定好的、一成不变的，而是随着进程的推进不断地发展和变化。譬如，博弈双方的行为将不会被提前安排和预知，而是随着游戏的深入和时间的推移，才不断地展开和提高。博弈行为和状态可以根据进程进行自我调整，以便更好地适应对手对游戏的需求和挑战，也就是说未来游戏也会跟着博弈对手一起成长。

人工智能领域就像一块海绵，吸收了来自各行各业的能量，领域范畴也正变得越来越宽泛。博弈游戏正处在艺术、心理、戏剧、设计以及主流人工智能等多领域的交汇点上。两者之间的融合，无论对于人工智能，还是博弈游戏来说都是非常有益的。但是，目前通用的人工智能策略和技术在博弈游戏中应用还存在一定的问题，这主要因为不同的游戏类型和任务所具有的特点是不同的，所使用的规则和技术也不完全相同。因此，未来的人工智能在博弈游戏中的应用还有许多工作要做。

习　题

1. 简述博弈的定义和基本要素。
2. 游戏的定义是什么？请用自己的理解加以说明。
3. Deep Blue 中的人工智能技术有哪些？
4. 从人工智能技术角度分析，为什么 AlphaGo 能够战胜人类呢？
5. 简述蒙特卡洛树搜索(MCTS)规则的步骤。
6. 简述博弈游戏与人工智能应用的发展趋势。

参 考 文 献

[1] 文常保，茹锋. 人工神经网络理论及应用[M]. 西安：西安电子科技大学出版社，2019.

[2] 余颖. 基于神经网络和遗传算法的人工智能游戏研究与应用[D]. 湖南:湖南大学，2011.

[3] 葛玮. 计算机游戏中的人工智能技术[J]. 电子技术与软件工程，2012.

[4] 林浩然. 浅谈人工智能技术在游戏中的研究与应用[J]. 科技经济导刊，2018.

[5] 刘伟，王目宣. 浅谈人工智能与游戏思维[J]. 科学与社会，2016.

[6] 邹会来. 人工智能技术在游戏开发中的应用与研究[D]. 浙江：浙江师范大学，2011.

[7] 胡俊. 游戏开发中的人工智能研究与应用[D]. 四川：电子科技大学，2007.

[8] 何赛. 游戏人工智能关键技术研究与应用[D]. 北京：北京邮电大学，2014.

[9] 郑扣根，庄越挺. 人工智能[M]. 北京：机械工业出版社，2000.

[10] 鲍军鹏，张选平，吕圆圆. 人工智能导论[M]. 北京：机械工业出版社，2009.

人工智能概论

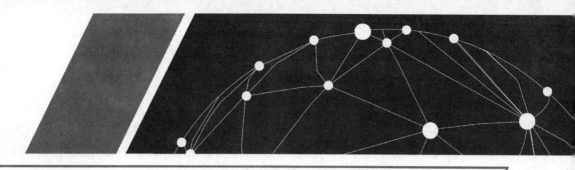

第10章　智能金融

10.1　概　述

　　金融是指与货币、等价物的发行、流通、回笼，贷款的发放、收回，存款的存入、提取，汇兑往来业务相关的经济活动和交易。货币经营、资金借款、外汇买卖、有价证券交易、债券与股票发行、贵金属买卖的价值流通直接与间接场所，称为金融市场。而在金融市场从事经营金融产品管理、经营、交易、服务相关的价值流通行业，统称为金融行业，如银行业、保险业、信托业、证券业和租赁业等。

　　人工智能为什么可以在众多领域中所向披靡、无所不能呢？答案是人工智能具有自主学习能力。而学习、训练的对象就是数据。如果没有数据，人工智能的能力就无从发挥，就如"巧妇难为无米之炊"。金融领域在业务开展过程中已经积累，并不断生成海量数据。因此，在金融行业应用人工智能技术具有天然优势。

　　智能金融(Intelligent Finance，IF)就是利用人工智能、云计算、大数据、区块链、互联网等技术实现对金融数据的理解、分析和发现，将海量、繁杂、无直接关系或无明显价值的数据，转化为有用的、直接的、有价值的金融信息，或是将人工智能技术应用于金融服务、投资顾问、金融分析预测与监控、金融欺诈检测系统，全面赋能金融机构，实现金融服务的智能化、主动化、个性化、定制化，提高金融服务水平和效率，拓展金融服务的广度和深度，提升金融安全性和可靠性。

　　在人工智能技术的支撑下，智能金融表现出透明性、即时性、高效性和安全性的特点。其中，透明性是指基于互联网平台、大数据、区块链、人工智能的智能金融体系，解决了传统金融的信息不对称问题，实现了信息共享，并通过智能平台变得越来越透明化。即时性是衡量金融机构核心竞争力的重要指标。智能金融用户再也不用因为办理金融业务，千辛万苦地去相关机构排上几个小时的队伍。目前，许多金融平台的大数据计算能力，已经可以同时快速处理千万用户，甚至亿级以上用户的节点维度数据，各类分期贷款业务审批平均只需要几分钟就可以完成，即时金融服务肯定会成为未来的发展趋势。高效性是指金融机构在获得充足的信息后，经过大数据、智能引擎统计分析和决策，能够快速高效做出反应，为各种用户提供有针对性的服务，满足用户的个性化需求。安全性是指依托海量大数据，智能决策系统可以弥补传统征信体系不完善的缺陷，增加金融风控的维度和深度，提高决策引擎判断的精准度，提升智能金融体系的安全性。

支付宝、微信支付、苏宁支付、银联商务等一批具有雄厚实力的互联网金融企业，已经占据了智能金融新市场的主要份额。Google、Apple、Microsoft等高科技巨头，也纷纷将自己熟悉的人工智能技术全面渗透到各种金融产品和服务之中。Goldman Sachs、JPMorgan Chase、Citibank等国际金融寡头，也都表示要在自己熟悉的金融地盘，加大人工智能和机器学习的研究广度和投资规模。金融机构都深信，在金融科技浪潮下，人工智能技术将全面介入，更智能的金融产品和服务将会成为下一个风口。

对于普通民众，在智能金融时代，生活购物、支付方式、支付手段、财富管理、金融投资、教育娱乐都发生了翻天覆地的变化。其中，带给人们的最大感受可能就是支付方式的改变。易货、等价物、贵金属、货币、银票、支票、银行卡、信用卡、移动支付、指纹支付、人脸支付，这不仅是货币和支付方式变迁和演化的过程，也是科技发展对人类生活影响的一个缩影。尤其是近年的移动支付，使普通用户可以通过智能手机等智能客户端，将互联网、通信网络、终端设备、金融机构有效地联合起来，可以不受时间和空间的限制，随时随地完成支付活动，避免了传统现金支付中存在的携带、保管、找零等问题。

对于商业用户，智能金融模式下智能存贷、智能收付、智能商务、智能物流等金融业务的开展，增加了金融融资渠道，有效降低了商业运营成本，扩大了商家的盈利空间。淘宝、京东、Amazon等电商平台的出现，则扩大了商业宣传效果，减少了广告等商业运营投入。另外，基于市场份额、金融融资、销售业绩、商业竞争等方面的考虑，第三方运营资本对商业用户的补贴投入，也在一定程度上增加了商业盈利空间。

对于金融机构，智能金融的加持使运维成本大大降低，提高了盈利质量。同时，智能金融全面赋能金融机构，也提升了金融机构的服务效率，拓展了金融服务的广度和深度，使客户都能获得平等、高效、专业的金融服务，实现金融服务的个性化、定制化、柔性化。但是，人工智能技术的出现也使传统金融机构受到了前所未有的冲击，如支付宝和微信支付等第三方支付平台在结算、支付、零售、转账、理财等业务方面对传统银行业造成了很大的影响。新型与传统金融结构，在市场空间和利益分配等方面会存在着许多问题和摩擦，商业竞争也将会越来越激烈。

在智能金融时代，金融交易的实施方在传统消费者、商家、金融机构的三方基础上，又增加了一个网络运营商，如互联网络和移动网络运营商等。网络维系着智能金融交易流程中的每一个环节，具有核心纽带功能，也是智能金融得以实施的前提与保障。

当消费者发起商品购买的事件信息时，该消息事件会通过网络运营商支付管理系统，发送到商家的商品交易管理系统。商家在收到消费者发出选择购买商品的事件请求后，通过网络运营商支付管理系统将该消息反馈回消费者的智能终端进行确认工作，只有在得到消费者的确认操作回复时，购买事件将继续操作，否则该操作将被视为无效而终止。网络运营商支付管理系统只有在得到消费者确认的事件消息后，才进行交易记录的详细记录工作，同时也将对金融机构发出请求，在消费者和商户之间进行支付的清算工作，并且通知商家提供交易服务。然后，就是商家提供消费者所购买的物质产品或服务。

另外，新出现的区块链概念和技术，赋予了智能金融和金融领域更多的涵义和机遇。区块链对金融领域的直接影响就是实现流通货币电子化，增强了金融过程中直接交易双方之间的点对点关联，弱化了金融机构的中介职能。在这种新的金融交易规则中，区块链技术使机器成为金融活动的主体，使传统以"人-人"的金融交易，转变为"人-机-人"，或者"人机协作"的金融交易路径。可以想象，如果按照目前人工智能和区块链的这种金融模式发展下去，将来金融活动会是代表每个金融主体"人"的"机器"之间的金融交易，即"机器之间的金融"，也可以说智能金融将全面进入"机器时代"。

尽管，目前人工智能技术的"机器化、智能化"和区块链技术的"分布化、去中心化"对金融活动的影响还不明确，还存在一定的不确定性，但是人工智能背后人的"智能"，以及区块链规则中人的"中心化"是确定的，这些因素将会对金融体系产生一个积极影响。

人工智能在金融行业的应用已经渗透在银行、证券、保险行业的客户营销、市场服务、市场分析、资本运营、风险监管等众多领域。在人工智能加持下，智能金融服务、智能投顾、金融分析预测、智能监管、智能风控、智能支付、智能信贷、智能营销等新型金融业务的开展大有颠覆传统金融格局之势，如图 10-1 所示。

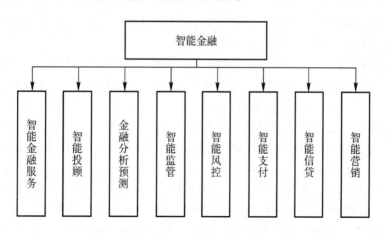

图 10-1 智能金融业务

10.2　人工智能在金融行业的应用

10.2.1　智能金融服务

智能金融服务就是将人工智能技术应用于客户的金融业务咨询、办理，实现金融服务的个性化、定制化、自主化，提高金融服务效率和智能化水平。

目前，智能金融服务主要有传统的线下智能金融服务和线上智能金融服务两种。

1. 线下智能金融服务

线下智能金融服务是在传统金融服务的基础上，将物联网、人脸识别、机器人、智慧柜员机、VTM 机、外汇兑换机等智能技术及设备引入金融服务，将线下所有金融设备、设施、系统无缝连接，客户从步入金融机构开始，就可以自动识别并提供各种金融服务，客户离开后则会自动退出登录，在无人化智能技术下实现了全程自助、高度智能、业务广泛、场景温馨的现代智能金融体验服务。

智能金融的无人化优势，使今天的金融服务不再像过去一样需要专业金融服务人员进行对接服务，机器人、智慧柜员机等智能终端会通过输入、触摸、语音、图像等方式完成客户的金融业务需求。目前，银行业已经成为无人化金融服务实践的主战场。众多银行"无人化"金融营业网点、智能金融设备，给客户提供了新鲜的自主化、隐私化、生活化的金融场景体验。智能化的金融机器不仅可以完成存钱、取钱的金融服务，还可以微笑说话、耐心解释、嘘寒问暖，进行各种人性化的交流和贴心提醒。另外，发卡、转账、查询、理财产品购买等各种功能一应俱全，不仅避免了传统金融服务排队、耗时等问题，而且极大地提高了业务办理的效率，优化了客户体验。

另外，金融机构依靠其后台庞大的数据库，智能化的自主学习机制和人脸识别技术，只需要获取客户面部信息，就可以直接推荐其曾关注过的或比较适合的金融产品和服务，为客户提供"一人一策"的精准金融服务。

据统计报道，目前各种智能金融自助终端承担了 90%以上传统线下银行网点的现金、非现金、开户等各项金融业务。中国建设银行的无人银行网点，使用机器人担负起了大堂经理的角色，通过自然语言与客户进行交流互动，了解客户服务需求，引导客户进入不同服务区域，体验完成所需交易。中国交通银行曾推出人工智能智慧型交互服务机器人"娇娇"，交互准确率达 95%以上，在上海、江苏、广东、重庆等省份的营业网点上岗服务。中国工商银行在"企业通"平台基础上，利用数据对接和智能设备，优化业务流程，推出了自助开户服务，对公客户仅需到网点一次，就可以完成账户开立、结算产品领取、资料打印、预留印鉴等金融业务。

2. 线上智能金融服务

线上智能金融服务是指依托计算机、互联网技术、移动通信网络，运用大数据、云计算、区块链、人工智能等科技手段，使金融行业在业务流程、业务开拓和客户服务等方面得到全面的智慧提升，实现了金融产品、风控、获客的智能、智慧化服务。相比于传统的线下智能金融服务，线上智能金融服务具有透明性、便捷性、灵活性、即时性、高效性和安全性的特点。

由于网络和人工智能技术的优势，线上智能金融真的实现了"宛如亲见"的即时、真实的金融服务。不仅可以通过远程支持平台，进行远程指导、远程审核等服务，实现金融服务的无人化、自助化，而且可以对金融数据实时采集、实时控制、实时响应，可以挖掘创造新业态和服务新形态。

互联网金融机构在人工智能研究和运用方面抢占了领先优势。阿里旗下的蚂蚁金服已经将人工智能运用于互联网小额贷款、医疗及财产保险、个人征信、资产配置、消费服务等领域，并取得了很好效果。腾讯公司将人脸检测技术应用于在线客户的信用评估，在腾讯征信、微众银行、财付通等金融服务中得到实践。

美国 WELLS FARGO 银行基于 Facebook 平台的聊天机器人虚拟助手，能通过与用户交流，为客户提供账户信息查询、密码重置等服务。Bank of America 的智能虚拟助手 Erica 可以与用户互动，帮助用户查询信用评分、消费明细等，还可以提供理财指导、还款建议等。

有保险公司采用智能车险理赔方式，运用声纹识别、图像识别、机器学习等人工智能技术，进行快速核验、精准识别、一键定损、自动定价、科学推荐、智能支付，实现了车险的快速理赔，克服了以前理赔过程中出现的欺诈骗保、理赔时间长、赔付纠纷多等问题。为车险业务带来 40%以上的运营效能提升，减少 50%的查勘定损人员工作量，将理赔时效从过去的 3 天缩短至 30 分钟，明显提升了客服满意度。

10.2.2　智能投顾

智能投顾，是金融领域中智能投资顾问的简称，是一种在线财富智能管理服务方式，根据投资者的收益目标、年龄、收入、当前资产及风险承受能力自动调整金融投资组合，通过人工智能学习算法，实现投资者的收益目标。

智能投顾能持续跟踪市场变化，根据收益目标的变动和市场行情的变化实时自动调整投资策略，围绕收益目标，为投资者提供最佳投资组合。通过人工智能、大数据、区块链技术精准追踪投资者行为，加强与投资者互动反馈，精准匹配投资者投资需求和解决金融投资中遇到的各种问题。智能投顾可以"一人一策""千人千面"，为投资者提供差异化的解决方案，提升用户体验，打造有温度的智能金融投资服务体系。

另外，在智能投顾领域，人工智能与量化投资的结合，可以非线性地组合收益权值，较好地处理不同权值之间的信息重叠，缩短新权值的更新周期，从而让投资更加智能化，更加贴合投资者的个性化、实时化、智能化需求。

目前，智能投顾在金融领域中的应用主要集中于大类资产配置、投资研究分析、量化交易三个方向。

大类资产配置中的智能投顾，是指将人工智能技术应用于股票类、债券类、商品类等不同种类大类资产的投资中，并在组合中配置不同类别的资产，同时根据投资者和市场形势进行动态调整。相比于传统的投顾，智能投顾有着更低的成本，使得普通投资者也能够享受专业经理人的投顾服务。同时，智能投顾充分发挥了人工智能算法优势，由机器自动执行，因此配置和执行更为高效。美国 Betterment 和 WealthFront 等投资公司，已经通过"智能投顾"系统为投资者提供金融投资服务，具有高效、实时、价格低廉等优势，获得了新一代投资者的青睐。

投资研究分析中的智能投顾，是指将人工智能技术应用于金融数据研究与分析，以期获得更多、更大的金融投资收益。尽管，目前金融数据正在变得越来越透明且及时，然而从海量数据中提取能够提供于投资与决策的有价值数据，却变得越来越困难。譬如，金融数据可能是存在数据库中的数字、符号等结构化数据，也可能是文本、图片、视频、各类报表、PDF、网页等非结构化数据。利用人工智能技术，可以帮助投资者进行金融研究和分析，更快地从海量数据中发现不同信息的逻辑关系，更加精准快速地做出投资决策。Kensho 公司通过人工智能对海量数据进行挖掘和逻辑链条分析，解决了投资研究、分析问题。

量化投资是指通过数量化和计算机程序化方式发出交易指令，以获取稳定收益为目的的交易方式，目前已经几乎覆盖了投资的全过程，包括量化选股、量化择时、股指期货套利、商品期货套利、统计套利、算法交易，资产配置，风险控制等。将知识图谱等人工智能技术应用于量化投资的数据系统，可以在更广的数据场景下支持风险识别、机会提示、事件分析等高级能力。人工智能算法可以应用在投资规划、组合选择、量化择时等模块的模型训练、因子选择、参数调优中。人工智能训练处理的量化投资模型可以进行自动化交易指令的下达、执行，并能对每个交易和执行进行评价、分析和优化。Water Bridge 公司已经利用人工智能手段取代了交易员，并将智能投顾系统应用于量化交易系统的决策、交易和分析。

10.2.3　智能金融预测与监控

金融分析预测与监控是指运用人工智能、计算机、大数据等技术，以及线性代数、概率论、数理统计等数学工具对风险资产及金融衍生品的理论价格做出定量分析，并运用了运筹学的思想方法对投资方法及企业融资策略做出比较和分析，进而聚焦于金融市场的趋势预测、风险监控、压力测试等。

具有自主学习、自我训练特征的人工智能技术能够从零散、长期的历史金融数据中获得更多信息，辅助识别非线性关系，给出价格波动、市场预测及其时效性。此外，人工智能技术还能对大型、离散、半结构化和非结构化的金融数据集进行分析，综合市场行为、监管规则、其他金融事件和趋势变化，进行反向测试、模型验证和压力测试，避免低估风险，提高金融市场预测性和防御性。

以人工智能技术驱动的美国基金 Rebellion Research 公司，基于贝叶斯机器学习，结合预测算法，有效地通过自学习完成了全球 44 个国家在股票、债券、大宗商品和外汇上的交易。Rebellion Research 曾成功预测了 2008 年席卷全球的股市崩盘，2009 年 9 月预测了希腊债券 F 评级结果，比 Fitch 公司提前了 1 个月。香港的 Aidyia 人工智能系统将遗传算法、概率逻辑等多种技术混合，致力于美股市场分析，会在分析大盘行情以及宏观经济数据后，做出市场预测，并对金融交易活动进行表决。日本 Mitsubishi Group 发明的人工智能 Senoguchi 系统，每月 10 日会预测日本股市在 30 天后将上涨还是下跌，经过 4 年左右的测试，该模型的正确率高达 68%。

同时，利用人工智能技术建立的高质量的风险控制模型，可以自动分析包含大量强特征和弱特征的数据，自动判断交易风险，大幅提高信贷业务的准确率，降低坏账率，实现良性金融业务和业绩的大幅增长。

2011—2018 年间，中国商业银行的不良贷款余额从 4279 亿元上升到 19571 亿元，其中 2018 年 6 月的不良贷款余额较 2011 年 12 月上涨了 357%，整体呈现快速上升趋势。传统金融机构由于存在发放风险评估、违约风险监控不足等原因，导致在风险管理方面存在诸多问题。

实际上，风险预测、风险监控、风险控制和信用评估一直是困扰金融领域的难题，人工智能技术的加持，会对分散、单一、弱征兆的风险信号提前进行智能侦测、评估。人工智能技术能够识别异常交易和风险主体，检测和预测房价、工业生产、失业率、金融压力、市场波动、流动性风险，抓住可能对金融稳定造成的威胁。譬如，人工智能加持后的放贷业务，在放贷前有精准获客、智能反欺诈、全自动化审核系统进行综合审核；在贷中环节有智能风控系统实现风险评价、风险定价、智能质检进行风控监控；在贷后有贷后模型体系优化、智能催收以及智能客服等技术支持。

蚂蚁金服已成功将人工智能技术运用于互联网小贷、保险、征信、资产配置、客户服务等领域。智融金服利用人工智能风控评测系统，每笔贷款审核速度用时仅 8 秒左右，已经实现月均 20 万笔以上的放款。澳大利亚证券及投资委员会等国际监管机构，都在使用人工智能进行可疑交易识别，可以从证据文件中识别和提取利益主体，分析用户的交易轨迹、行为特征和关联信息，更快更准确地打击地下洗钱等犯罪活动，集中于监控识别异常交易和风险主体。

10.2.4　智能金融欺诈检测

随着世界经济的快速发展，金融活动逐渐频繁，金融领域的违法犯罪活动也日益增多，尤其是金融类电信诈骗、网络贷款欺诈等金融诈骗行为，已经成为最为高发的新型诈骗手段。

360金融研究院发布的《2018智能反欺诈洞察报告》显示2018年金融诈骗损失金额占比高达35%，报案量在全部诈骗类型中占比14.9%，而且在网络普及呈现低龄化，以及中青年群体金融需求趋势影响下，中青年一代正成为手机诈骗的重点目标。美国2017年度就有超过30万金融欺诈受害者，经济损失超过14亿美元。

在金融欺诈活动中，"电信诈骗、信用卡套现、线上贷款、购物诈骗、投资诈骗"成为新的金融诈骗手段，"票据欺诈、金融凭证欺诈、信用证欺诈、集资欺诈以及保险欺诈"成为新的金融欺诈形式，"智能化、产业化、团伙化、攻击迅速隐蔽、内外勾结比例上升、移动端高发"成为新的金融欺诈趋势。甚至部分诈骗组织还通过社群、传销、面授班等形式，向其他中介和个人提供技术传播、骗贷教学。如批量采集、销售用户信息，窃取金融机构和平台数据库，伪造证件、银行流水，伪造通讯记录等。构建了集用户数据获取、身份信息伪造和包装、欺诈策略制订、技术手段实施等一条完整的产业链。相比于传统诈骗，新型诈骗的波及范围更广、社会危害性更高。

传统的金融欺诈检测系统由于过多依赖复杂和呆板的金融规则，缺乏有效的科技手段，已无法应对日益演进的欺诈模式和欺诈技术。因此，应用人工智能技术追踪与分析用户行为，构建自动、智能的欺诈检测和反欺诈系统，增强金融系统异常特征的自动识别能力，并逐步提高金融机构的风险检测、风险防范能力，将是金融领域在人工智能时代必须要解决的首要问题。

金融机构能够利用人工智能技术对金融数据进行大规模和高频率的处理，将申请者相关的各类信息节点构建庞大网络图，在此基础上构建基于人工智能学习的反欺诈模型，并对其进行反复训练和实时识别。另外，基于庞大的知识图谱，人工智能技术能够监测整个市场的风险动态，当发现金融用户信用表现出风险征兆的时候，能够及时做出风险预警，启动金融风险的防御机制。

目前，许多金融机构已经可以采用人脸识别、指纹识别、虹膜识别、声纹识别等生物活体检测和大数据交叉匹配借款用户信息，判别提供信息的真假，进行智能审核；利用社交关系图谱模型、自然语言处理等人工智能建模技术，从社交关系层面有效识别团案风险；利用人工智能在客户行为埋点数据、客户社交关系等非传统建模数据，对伪冒及账户盗用等类风险的识别帮助，构建伪冒评分、账户安全评分、客户行为异常模型、设备异常行为模型等模型评分，有效识别金融风险。

人工智能赋能金融活动后，给金融领域带来千载难逢机遇的同时，也带来了许多前所未有的问题和挑战。在人工智能时代，伪造、冒充身份等金融违法成本越来越低，金融欺诈事件发生频率加快，给金融企业和用户造成的经济损失也越来越大。因此，要本着"魔高一尺，道高一丈"的精神，去构建智能金融欺诈检测体系。

总之，人工智能技术不仅可以极大地提升金融服务效率，降低交易成本，而且可以帮助金融机构提高金融欺诈检测水平，提高金融领域风险控制和防御能力。

10.3 未来发展趋势

金融行业是人工智能等技术落地应用的重要领域之一。那么随着人工智能技术在金融领域应用深度和广度的日渐加强，未来智能金融会有怎样的发展趋势呢？

服务普惠化、业务多样化、数据海量化、信息安全化、制度健全化或许是智能金融未来发展的最佳答案和必然趋势。

服务普惠化是指人工智能技术加持后，无论是金融服务、金融投顾、金融营销、金融支付、金融理赔的运营成本都将得到大幅降低，运行效率得到明显提高，金融服务得到升级，使得金融服务将能覆盖到更多小微企业，也使得普通客户能得到更优质的金融服务，促进了国民经济发展，提升了全社会智能福利。

业务多样化是指人工智能技术将与云计算等高新技术一起为金融机构提供一个统一、智能、综合的多业务集成平台。在充分考虑信息安全、监管合规、数据隔离、中立性等要求的前提下，有效消除信息孤岛，集成金融结构的多个信息系统，为机构开展传统业务、增加新业务需求、部署业务快速上线、实现业务创新改革提供有力技术支撑。

数据海量化是指人工智能技术将融合大数据技术为金融业带来种类丰富、领域丰富的大量数据。而基于大数据的人工智能技术可以从中自主学习、自动训练，提取有价值的信息，为精确数据建模、信用评估、风险预测，以及提高金融行业运营效率提供新的技术手段。

信息安全化是指人工智能技术将协同区块链技术，充分利用其智能算法、智能感知、智能认知、去中心化、不可篡改、分布式的特点，辅以人脸识别、指纹识别、语音识别为代表的生物活体特征检测，实现在银行、证券、保险等多个金融业务领域的信息安全化，提高智能金融的安全保障和风险控制能力。另外，要形成信息数据灾难备份机制，建立灾难恢复体系。

制度健全化是指人工智能技术在智能金融领域遇到了前所未有的挑战，主要体现在智能代理行为加大了监管难度、监管对象趋于复杂化、违法违规行为难以认定、责任主体难以界定四个方面。因此，在智能金融时代，金融监管机构要针对人工智能特点，研究完善金融市场交易规则，加强人工智能在金融监管方面的应用，重视对用户隐私的保护，积极加强技术创新，提高金融行业风险控制能力，维护正常金融秩序。

习　题

1. 阐述智能金融的涵义是什么？
2. 简述智能金融对普通消费者、金融机构、商家的影响有哪些？
3. 在智能金融时代，金融服务有哪些变化？
4. 解释说明智能投顾的作用有哪些？
5. 结合金融案例，说明智能金融预测与监控建设的必要性。
6. 查阅资料，说明目前金融诈骗的手段、趋势是什么？如何利用智能金融欺诈检测手段去应对？

参 考 文 献

[1] 樱井丰(日). 被人工智能操纵的金融业[M]. 北京：中信出版集团，2018 年.

[2] 尼克. 人工智能简史[M]. 北京：人民邮电出版社，2017.

[3] 文常保，茹锋. 人工神经网络理论及应用[M]. 西安：西安电子科技大学出版社，2019.

[4] 薛云. 商务智能[M]. 北京：人民邮电出版社，2019.

[5] 韦康博. 智能机器人从"深蓝"到 AlphaGo[M]. 北京：人民邮电出版社，2017.

[6] 百度金融研究院，埃森哲. 智能金融–与 AI 共进，智胜未来[M]. 北京：电子工业出版社，2018.

[7] Bacciga，Ambrogio. Recent Advances in Artificial Intelligence Research[M]. New Yrok: Nova Science Publishers，2013.

[8] Franceschetti，Donald. Principles of Robotics & Artificial Intelligence：Print Purchase Includes Free Online Access[M]. Salem: Salem Press，2018.

人工智能概论

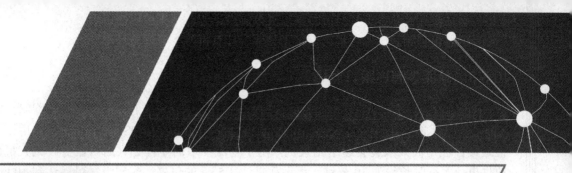

第11章 智能物流

11.1 概　述

　　智能物流(Intelligent Logistics，IL)也称智慧物流，是指利用机器人、智能感知、跟踪定位、系统集成等人工智能技术，通过计算机网络和移动通信平台，实现货物运输、仓储、配送、包装、装卸等过程的自动化运作和高效优化管理的智能体系。现代的智能物流系统能够进行思维、感知、学习、推理、判断，自主决策解决物流中遇到的问题，并具有物流过程数据智慧化、网络协同化和决策智慧化等特点，能提高效率、降低成本、满足客户日益增长的物流需求。

　　智能物流能够帮助物流企业用科学、快速、有效的方法，解决货在什么地方、货从哪里配、车走哪里、怎么走等物流供应链问题，使物流货物在各个物流环节高效、安全地移动，达到物流过程中货物正确、数量正确、地点正确、质量正确、时间正确、价格正确的六大物流要求。

　　物流概念最早出现于美国作家 Arch Shaw 的《Some Problem in Market Distribution》一书中，定义为实物分配，或货物配送。1918 年，第一次世界大战期间，英国 Liveham 勋爵成立了"即时送货股份有限公司"，被物流界称为最早的物流企业。二战后，美国将物流纳入企业管理范畴，并正式称为商业物流(Business Logistics)，包括企业供应和营销活动的综合管理、运输、存储。随后，出现了专门从事商业物流的企业，其中一些已发展成为著名的国际物流巨头，如 UPS Express、Fed EX、Amazon、DHL 等。

　　UPS Express 是以传递信件和零售店运送包裹起家的国际知名物流公司，是世界上最大的快递承运商与包裹快递公司，同时也是专业运输、物流、资本与电子商务服务智能化的倡导者。20 世纪 80 年代，UPS Express 在信息系统技术方面投入 110 亿美元，升级了软硬件系统配置，建立了与大多数的美国公司和美国居民之间的电子联系，实现了对每件货物实时运输状况的掌握。1998 年，UPS Express 借助智能信息技术，对每日运送的 1300 万个邮包进行电子跟踪，当需要将货物送达另一个目的地时，可通过网络以及附近的蜂窝式塔台，找出货物的位置，并引导到最近的投递点。2016 年，美国电商业务飞速发展，UPS Express 再次投入 40 亿美元，打造针对个人包裹业务的智能物流网络，对分拣设施、技术能力和生产自动化进行升级和投资。2017 年，UPS Express 开始采用了无人机运输，应用高效八旋翼递送无人机，用于物流终端的短程无人送货服务。无人机由电池供电，飞行时长约为 30 分钟，可运载重达 4.5 kg 的包裹，配送半径可以达到 10 km 以上，实现了短程无人快递的智能投递服务。

Fed EX 是一家从事环球物流运输、电子商务和供应链管理服务的国际性快递公司，主要提供地面快递、隔夜跨地、重型货物运输相关的物流服务。2013 年以来，随着物联网逐渐运用于物流、零售等行业，FedEx 开始广泛使用 Sense Aware 服务，可实时监控货物的位置以及周围的温度和湿度等，装备的撞击感应传感器，可在货物受到超出预设的撞击度时，发送警告提示。2017 年，Fed EX 与第三方物流供应商合作，推出 FedEx Fulfillment 电商仓储物流服务，帮助中小企业建立了网络销售渠道，优化了包装运输、逆向物流和库存管理。Fed EX 还投入 20 亿美元用于扩建地面物流和分拨中心，开始布局自己的智能物流，完成了 185 个工厂项目，包括 4 个主要物流点、19 个全自动站点和 69 个再分发中心，新增约 1000 万平方英尺的智能分拣空间。

Amazon 作为国际电商、物流巨头，致力于寻找机器代替人力的智能化物流方式，引领着智能物流行业的发展方向。2012 年，Amazon 以 7.75 亿美金收购了 KIVA System，获得了智能仓库机器人 Kiva System 系统，并将其应用到了物流仓储中。应用智能控制算法和智能机器人统一对货物进行优先度排序、搬运货柜等，颠覆性地改变了传统的仓储模式。相比人工方式，智能系统将仓储工作效率提升了大约 3 倍，有效降低了物流仓储的成本。2017 年，Amazon 又推出面向消费者的无人机快递服务 Prime Air，实现了无人机快递服务配送，不仅节约物流成本，给消费者提供了更多便利，而且解决了物流系统中的"最后一公里"配送难题。目前，Amazon 的仓储系统中陆续启用多种智能化设备和自动化技术，包括摇臂机器人、Kiva 机器人、智能运算推荐包装、智能包裹分拣等。通过机器人、无人机和大数据等技术的使用，Amazon 将智慧物流的概念演绎得淋漓尽致，推动着电商物流行业的智能化发展。

近年来，中国的物流行业迅速发展，根据国家邮政局的数据，2009 年的快递件数为 18.6 亿件，2016 年达到 313.5 亿件，2018 年达到 507 亿件，超过美、日、欧发达经济体的快递总和，成为世界上发展最快、最具活力的新兴物流市场。数据显示，从 2013 年到 2019 年，中国物流市场规模增速均保持在两位数以上，2018 年市场规模已经达到 4860 亿元，同比增长 19.4%。2019 年，双 11 购物狂欢节，天猫平台 1 分 30 秒销售额突破 100 亿元，当天成交额达到 2684 亿元人民币，这相当于中国 2018 年 GDP 的 1.2%。随着物流行业的迅速发展，传统的物流模式已经不能够满足当下中国物流行业的需求，因此众多物流企业纷纷开始建设智能化、自动化、无人化的物流网络，包括如阿里、京东、苏宁、唯品会、顺丰等的物流大企业，都加大了智能物流网络建设的投入。

阿里联合众多物流企业，建立了"菜鸟物流网络"，计划未来五年投入1000亿元，用于智能仓储、智能配送、全球物流枢纽建设，加快全球领先物流网络的形成，最终实现国内24小时，全球72小时到达，以物流的智能化实现零售战略的推进。

京东建立了"亚洲一号"智能化物流仓储中心，配备了国际领先的智能化设备技术，包括智能立库堆垛机、输送系统、交叉带分拣系统、高速合流存储系统、AGV翻板小车等，无论设备数量、技术层面，还是存储货位以及吞吐能力，都具有高集成、高智能化特点。目前已经在中国国内拥有7个智能物流中心，覆盖了2691个区县。

大型连锁零售商苏宁，提出了"苏宁云仓"的概念，并计划建立覆盖全国的智能云仓体系，强化整体的物流能力。另外，苏宁规划建立40座中大型智能云仓库、50个城市分拨中心，仓储面积将增加到1000万平方米，航空物流突破100条，运输车辆超过10万辆。同时，布局农村和学校，打造1万个服务站点，5万个自提点，3万个快递点。

唯品会于2000年提出了"智能蜂巢"系统概念，旨在建立一个全球一流的电子商务平台。目前，唯品会已经建成东北、华中、华北、华南、华东和西南六个大型物流仓储中心，未来将加快全国乃至全球的智能仓储布局，全面升级各大物流中心的仓储自动化系统。

2016年，圆通、申通、顺丰、韵达等快递巨头纷纷上市，并募集资金进行智能物流网络项目建设。从各公司披露的信息看，所募集的配套资金多运用在转运中心的建设和设备自动化升级方面。

从全球来看，智能物流系统的产生和发展是社会经济和智能技术发展的结果。目前，欧洲、日本和美国的智能物流系统在全球占据领先的地位，中国智能物流系统行业起步较晚，但是随着中国经济的快速发展，人民生活水平的极大提高，中国智能物流行业后来者居上的趋势日益明显，特别是中国国内的巨大市场需求将是智能物流行业和技术持续增长与提高的重要推动力。

11.2　智能物流的典型应用

11.2.1　智能订单管理

智能订单管理系统是物流管理链条中不可或缺的部分，可以实现单次或批量订单管理，实现与库存管理无缝链接，通过对订单的管理和分配，给用户提供整合一站式服务，充分发挥物流管理中各个环节作用，满足物流系统信息化、智能化需求。同时，可以与客户管理系统连接起来，能对订单执行和历史订单情况进行查询。智能订单管理系统包括订单管理、库存管理、商户管理、智能派单、移动订购管理等，如图11-1所示。

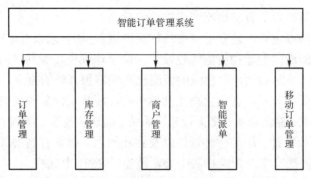

图 11-1　智能订单管理系统

订单管理包括订单中心、订单分配、订单协同、订单状态管理等。订单中心能无缝集成多渠道订单，支持来自网站、移动端、B2B(Business to Business)电商平台及其他内外部订单的集中处理。订单分配系统基于预设规则，通过智能管理实现订单的合并、分拆、优先级、释放、冻结或取消等，优化供应链库存管理。订单协同是指参与订单的交付和实时数据采集等，还可帮助经销商实现库存、供应商和标签管理。订单状态管理包括取消、付款、发货等多种服务，以及订单出库和订单查询等，能实时跟踪当前订单，并及时更新状态。订单管理是客户关系管理的一种有效延伸，可以发掘潜在的客户和现有客户的商业价值，更好地把个性化、差异化服务融入物流管理中去，推动商业效益和客户满意度的提升。

库存管理可以支持商品信息的一键导入、自定义商品编码、国际码和商品属性，能够优化拣货路径，跟进商品库存情况。智能化的库存管理可以实时跟进各个商品的库存数据，针对不同的订单类型，使用不同的发货方案，包括一单一货、一单多货、组团、大单、整箱直发、越库直发等。智能化库存管理实现了可售库存、多平台、多店铺的实时同步和拣货、上架、进货、退货等仓库工作批次自动，避免了超卖或缺货等导致的商业纠纷问题。同时，智能库存管理具有多仓库管理功能，例如综合性仓库、行业仓库、产业带仓库、区域仓库、站点仓库等，能够按照仓储位置、规模、流程提供功能配置，通过智能化的调拨逻辑系统，灵活调整，实现多仓模式发货。

商户管理具有客户购买行为分析、新进客户、优质客户、企业客户、流失客户、黑名单客户等数据分析管理功能，并且支持催付款短信、发货短信、营销短信、一键评价及评论管理等功能。商户管理能够实时提供销售、往来账、库存、商品、利润、商品满意等各种数据报表，并对商家与供货商、商家与用户进行协同管理。商户可以通过商户管理记录其商品信息、使用范围、订货价格和产品安全性等。商户管理通过在线购买用户的信息评价对商户的信用、商户服务质量、产品的质量等综合指标进行智能评分，对评分高的商户进行优先排序和推送。

智能派单可以智能匹配快递功能，可多维度自定义各快递公司的优先级别，并按包裹重量和不同快递公司首重、续重的价格政策优化最佳选择。智能派单系统提前规划配送路径，在订单密度足够的情况下实现高并单率、多并单数。另外，系统内置各大快递公司发货网点数据库，自动按照地址精确匹配快递，一旦出现投递盲区自动切换其他快递公司。

智能订单管理系统通过对客户下达的订单进行管理和跟踪，动态掌握订单的进展和完成情况，加快了整个订单系统的运作速度，提升了作业效率，从而节省了运作时间和作业成本，提高了物流企业的市场竞争力。

11.2.2　智能仓储

智能仓储是物流过程中一个重要的环节，是以立体仓库和配送分拣中心为核心，通过录入、管理和查验货物信息的智能仓储平台，实现了仓库内货物和信息的智能化管理。智能仓储平台的智能化是确保企业及时、准确掌握库存数据，合理保持和控制企业库存的重要保障。

智能仓储主要包括智能存储系统、智能输送搬运系统、智能分拣系统、以及智能控制系统，各个系统又由具体的设备及软件构成，彼此之间相互联系、紧密配合，最终保障物料搬运的准确投递。

智能存储系统能够提供从货架到自动化立体库的全套存储与缓存解决方案，可按单个或多个托盘深度存储方式，提供搬运托盘、吸塑盘、货柜、纸箱、集装箱甚至金属网箱等。智能化的仓储系统充分地利用了仓库空间资源，能够在有限的仓储空间内有效、有序的存储货物。由于仓储空间的合理化利用，使得它的仓储作业速率变得更快，不仅增加了货物存储量，提高了空间利用率，缩短了货物存储时间。譬如，唯品会的智能化存储系统是基于有轨穿梭车的系统设计，能够更高效率实施存储作业，并且利用了有轨穿梭车的伸缩货架，能够使货物实现多层密集存储，如图 11-2 所示。系统以穿梭车为核心，兼具存储和订单分拣的集成系统，解决了唯品会在物流存储和订单履约中存在的不足，提高了存储效率。

图 11-2　智能仓储库

智能输送搬运系统是仓库的基本单元，能够将各种过程结合，发送输送信号，实现货物搬运。输送搬运的对象主要是托盘、箱包和其他有固定尺寸的单元货物。输送搬运系统负责对整个待出库的物流包裹按照运输的方式、区域、时间、大小和重量进行分类、输送和搬运的管理，再由线上系统进行跟踪，直到出库。在整个物流系统中，物流输送搬运系统扮演着重要角色，同时具备仓储保管、订单处理、分拣搬运发货等多种功能。

　　智能快递分拣系统具有特色的可视化界面，有合流、导入和分拣功能等子系统。快递分拣系统分拣的快递物件重量可以达到 40 公斤，可以对特殊包裹和条码问题进行特殊处理，90%的包件都可以全自动分拣。一个中等的省会城市的分拨中心平均一天需要分拣的包裹量是 20 到 30 万件，如果使用输送线加人工分拣的话的需要 200 到 300 个一线拣货人员。如果采用智能化的快递分拣系统，每小时可以达到 8000 到 4 万件货物，这相当于一个普通物流港的吞吐量，大大节约了人力、财力，并且大幅度提高了分拣效率。

　　智能控制系统是物流仓储的控制核心，主要由软件系统和智能计算机控制中心系统组成。软件系统有智能物流系统中的应用软件，以及相关的应用功能。智能计算机控制中心负责整个物流系统的控制管理，当控制中心接收到出库或入库信息后，发出入库指令，巷道机、自动分拣机及输送设备按指令启动，共同完成出入库任务。

　　智能物流仓储系统提高了空间利用率、仓储效率和分拣准确度，实现了物流仓储的智能化。智能化物流仓储的单位面积仓储量是普通仓库的 5～10 倍，不仅加快了运转和处理的速度，提高了劳动生产率，而且还降低了操作人员的劳动强度。

11.2.3　智能物流设备

　　智能物流设备的发展是现代智能物流的助推剂，是物流系统中的智能载体，也是物流行业智能技术水平高低的主要标志体现。智能物流设备按功能可分为立体仓储设备、高速分拣设备、自动化输送设备等几大类。按智能物流的流程来划分，智能物流设备可以分为仓储设备、流通设备、输送设备、配送设备、装卸设备、搬运设备和包装设备等。

　　仓储设备是负责货物仓库存储的一类设备，主要有自动化立体仓库、多层穿梭车、高架叉车、自动分拣机、自动引导搬运车、货架、堆高车、分拣设备、提升机等。其中，自动化立体仓库是利用人工智能技术实现立体仓库高层存储、自动存取的一种主要仓储设备，主要由立体货架、堆垛机、输送机、托盘等智能设备构成。自动化立体库有效地改善了仓储行业大量占用土地及人力的状况，降低了仓储运营和管理成本，实现仓储的智能化。

　　流通设备主要用于物流包裹的自动流通，包括自动分拣机、有轨穿梭小车、叉车、分拣机器人、装卸机器、搬运机器和包装机器等。自动分拣机可以按照智能控制系统指令对物品进行分拣，并将分拣出的物品送达指定位置。自动分拣机的广泛使用解放了劳动力，节约了成本，并且有效提高了分拣效率和准确率，同时大幅降低错误和破损的发生概率。

有轨穿梭小车常用于各类高密度储存方式立体仓库的流通作业，在搬运、移动货物时无须直接进入货架巷道，速度快、安全性高，可以有效提高仓储的运行效率。

输送设备主要负责货物的输送传递，有箱式、托盘式两类输送机设备，主要包含皮带式、辊式输送机以及提升机等多种形式。托盘式输送机主要包含辊筒式输送机、链条式输送机、提升机、穿梭车等多种形式，Amazon 的 Kiva AGV 就是托盘式输送的典型应用，可以和自动化立体库配合应用，如图 11-3 所示。Kiva AGV 装备有电磁、光学或其他自动导引装置，能够沿规定的导引路径行驶，具有安全保护以及各种移载功能。目前，穿梭车运行速度普遍在 4 m/s 以上，并且一般具备路径规划系统，可进行复杂路径的规划。

图 11-3　智能 Kiva AGV

伴随着人工智能技术的快速发展，众多智能、方便、快捷的物流机器设备投入应用，极大地减轻了劳动强度，提高了物流运作效率和服务质量，降低了物流成本。

11.2.4　智能配送

智能配送是智能物流运输的最终环节，是通过智能手持终端、条码、RFID 技术等，实现收派件数据实时采集和上传，快递状态及时确认更新。当货物运输到指定位置时，智能配送系统会及时更新相关的物流信息，并提醒配送等。智能配送系统主要由移动智能终端、平台网络、智能配送站和智能配送设备等组成。

移动智能终端以数据存储为载体，通过条码扫描形成一套数据采集传输系统。移动智能终端可以满足快递行业的信息采集、信息处理、信息查询等需求，实现信息化管理，保障数据的准确性。移动智能终端采用无线通信技术，管理中心把收到的收件和派件单及时传输到终端，以便业务员跟进。业务员根据管理中心发来的信息去收取客户快件，并在现场将扫描采集到的收件时间、货物总重量和个人信息等数据通过无线通信上传到管理中心。货物运输途中，每个中转站工作人员通过移动智能终端采集货物信息数据，使管理中心实时掌握货物信息，同时将这些信息实时反馈给客户，使客户清楚地知道快件的物流状态。业务员将快件送到客户处后，把扫描采集到的运单号码、派件时间等信息，通过 GPRS 传送到管理中心，管理中心可及时将到货信息反馈给发件人。移动智能终端贯穿于整个物流环节中，实现了各个环节之间的信息交互共享。

平台网络由 EPR 系统和实时交互接口服务器构成，负责数据管理、业务接口管理、业务应用管理、信息查询处理管理等，包括整车运输、仓配一体、零担快运、多式联运等系统，结合了管理云、数据云、电商云等套件，实现了订单、找车、找货、仓储、交易、风控、保险等业务流程智能化和集成化，动态跟踪物流节点并与监测平台对接，确保流程合格。同时，将运输市场、经营主体、运力资源、信息资源等进行全面整合，运用互联网技术，构建数字化供应链，实现线上资源合理配置和线下物流高效运行，全面助力网络货运平台工作的开展，帮助用户提高运营效率，降低成本。

智能配送站是物流配送的一个小配送站点，通过云端、智能存储分拣柜、配送机器人和 IoT(Internet of things)设备的联合运作，实现了接收、暂存、分拣、递送、提货、反馈、退货等环节的无人配送流程。2018 年 11 月，京东全球首个机器人智能配送站在长沙启用，日配送包裹量可达 2000 个，如图 11-4 所示。该配送站占地面积 600 平米，设有自动化分拣区，配送机器人停靠区、充电区、装载区等多个区域，可同时容纳 20 台配送机器人，完成货物分拣、机器人停靠、充电等一系列环节。当快递包裹从物流仓储中心运输至配送站后，物流分拣线按配送地点对货物进行分发，站内装载人员按地址将包裹装入配送机器人，每台机器人可一次配送 30 个包裹，装满后由配送机器人配送至消费者手中。2019 年，专注于研发服务型商用机器人的 YOGO Robot 也发布了新产品 YOGO Station 智能配送站，如图 11-5 所示。

图 11-4 京东无人配送中心

图 11-5 YOGO Station 智能配送站

人工智能概论

智能配送作为物流行业的"最后一公里"，负责整个物流体系货物的配送，消耗了大量物流行业的资源，占用了大量行业劳动力。随着智能化应用技术的发展，物流配送逐渐向着智能化和无人化配送发展，有效节省了物流成本，提高了各个环节的运作效率。

11.2.5 取件服务

随着电子商务的发展，快递包裹的数量呈现指数式增长，但是快递员的数量有限，且每次送货的数量有限，限制了快递的送货、投递和取件效率。2012年，中邮速递率先推出智能快递柜，虽然在初期经历了很多的质疑和非议，但在包裹数量不断增长以及城市年轻劳动力不足的情况下，智能快递柜已成为末端物流配送能力的重要补充。2015年，顺丰、申通、中通、韵达、普洛斯五家物流公司联合公告，共同投资创建"丰巢"科技有限公司，研发运营面向所有快递公司、电商物流使用的24小时自助开放平台——"丰巢"智能快递柜，以解决快递末端难的问题。智能快递柜放在公共场合，可供自助投递和提取快件，大幅提升了物流末端的配送效率。

智能快递柜是基于嵌入式技术，通过 RFID 技术和摄像头等设备进行数据采集，然后将采集到的数据传送至控制器进行处理，处理完再通过各类传感器实现整个终端的运行，包括短信提醒、身份识别、摄像头监控等，如图11-6所示。同时，可以在服务端将智能快递柜采集到的快件信息进行整理，实时在线更新数据，供网购用户、快递人员以及系统管理员进行快件查询、调配快件和维护终端等操作。快递员通过手持终端向业主发送相关快递信息和取件密码，业主只需在智能快递柜输入相关信息号码，便能提取自己的包裹。

图 11-6　智能快递柜

智能快递柜的不断应用普及，为物流行业的发展和客户带来了很多益处。首先，智能快递柜的应用降低了人力成本，减少了快递员的工作负荷。在人手不足的情况下，快递员的工作量和工作任务较为繁重，往往需要承担起更多的工作，超出本来的工作时间，因此快递公司需要花费较高的人力成本。智能快递柜的应用，不仅增加了派件取件数量，而且提高了快递员的工作效率和收入，在一定程度上缓解了"用人难"的问题。另外，增强了用户隐私保护力度，取件时间更随意。传统的快递人员配送模式，存在快递信息被其他人窃取或快递在寄存的时候丢失等问题，智能快递柜的应用极大提高了个人信息的保密性，减少了由于个人信息泄露对客户造成的各种问题。再加上传统的配送模式中快递员配送的时间可能会和收件人在家的时间不对等，给收件人带来了困扰，智能快递柜投入使用使得忙碌的人们可以随时取件，极为方便。

11.2.6 智能客服

智能客服是一种运用了自然语言理解、知识管理、自动问答等人工智能技术，在大规模知识处理基础上发展起来的智能化客户服务方式。智能客服系统不仅为企业提供了细粒度知识管理技术，还为企业与海量用户之间建立了一种基于自然语言的快捷有效的沟通途径。另外，随着智能信息技术的发展，智能无人客服系统很大程度上解放了企业在客服系统的人力成本，提升了服务效率。

智能客服系统根据用户提出的问题，在线帮助解决用户的各种问题，并可以通过智能深度学习算法，持续自主学习，使服务更加智能拟人化。目前，智能客服系统主要有在线智能客服机器人、智能语音机器人、智能平台等，实现了智能业务咨询、纠纷解决、智能调度、智能质检、智能分析等客服功能。

在线客服机器人能对用户的各种问题进行实时解答，及时帮助用户解决遇到的各种物流问题。智能语音机器人可以完成语音应答和语音外呼两种服务，能够以拟人化的语音为用户提供服务。在人工智能实现的各种客服功能中，智能调度实现了用户咨询和服务资源之间的最优调度，智能质检能够从对话文本和录音中挖掘风险、商机，可帮助企业提升客服服务质量、监控舆情风险。目前，智能客服系统已经可以实现90%以上用户咨询的独立应对，为用户提供全天候智能应答服务，降低了客服人力成本，提高了服务效率。

11.3 未来发展趋势

随着经济全球化的发展和电子商务的兴起，智能物流行业快速发展，企业竞争也日趋激烈。降低物流成本，提高自身的竞争力，已经成为物流企业在激烈的商战中得以生存的制胜法宝。为了满足日益增长的物流需求，未来智能物流将朝着个性化、快捷化、环保化和国际化的方向发展。

个性化主要是指在订单、生产、配送等服务过程中存在着差异性。首先，不同的消费者存在不同的物流服务要求，物流企业需要提供针对性强的个性化物流服务和增值服务。其次，由于市场竞争、物流资源、物流能力等因素，物流经营者也需要不断强化物流服务的个性化和特色化，增强市场竞争能力。最后，智能物流要求向客户需求渗透，与客户自身的运行融为一体，这就需要以需求的个性化来决定服务的个性化。

快捷化是指未来整个智能物流系统运行会更高效快捷。物流作业将借助专家系统、神经网络和机器人等相关技术，更加方便、快捷、精确地完成物流仓储、分拣、运输、搬运、配送过程中大量工作。另外，智能化物流体系和智能化物流设备的应用，将大大提高物流的机械化、自动化和智能化水平，加快物流体系的运作，节省物流运营成本，提高物流效率。未来智能物流系统的快捷化发展，可以实现供应链上众多资源的整合，统一管理，统一行动，提升整个物流系统的运作效率和物流企业的竞争力。

环保化是指未来在追求物流智能化发展的前提下，更加注重行业内的绿色、节能、环保。在消费多样化、生产资源有限化、流通高效率化的时代背景下，需要从环境的角度对物流体系进行改进，即需要形成一个绿色、环保、共生型的未来物流生态系统。

国际化是智能物流未来发展的必然趋势。21世纪是一个物流全球化的时代，制造业和服务业逐步一体化，传统的、分散的物流活动逐步拓展，物流供应链也日趋集约化、国际化。从物流市场角度看，一些大型物流企业未来将会跨境展开连横合纵式的并购，大力拓展物流市场，争取更大的市场份额。从物流技术角度看，人工智能和网络技术未来将会使多个物流企业连成一个网络，形成完整的供应链，实现协作共赢和协调发展。

习　题

1. 智能物流的定义是什么？
2. 说明目前发展智能物流的必要性。
3. 举例说明智能物流企业的人工智能技术应用状况。
4. 简述智能订单管理系统的组成和功能。
5. 智能物流仓储设备主要有哪些？
6. 查阅资料，举例说明目前智能配送的技术现状。
7. 解释说明智能客服中的人工智能技术主要有哪些？
8. 简述智能物流企业未来的发展方向有哪些？

参 考 文 献

[1] 汝宜红，宋伯慧. 配送管理[M]. 北京：机械工业出版社，2010.

[2] 曾中文. 配送中心的库存控制系统研究[J]. 商场现代化，2007，499 (10):15-18.

[3] 钱智编.《物流管理经典案例剖析：物流师培训辅导教材》[M]. 北京：中国经济出版社，2007.

[4] 王槐林，刘明菲.《物流管理学》[M]. 武汉：武汉大学出版社，2010.

[5] 黄中鼎.《现代物流管理》[M]. 上海：复旦大学出版社，2009.

[6] 汝宜红，宋伯慧.《配送管理》[M]. 北京：机械工业出版社，2010.

人工智能概论

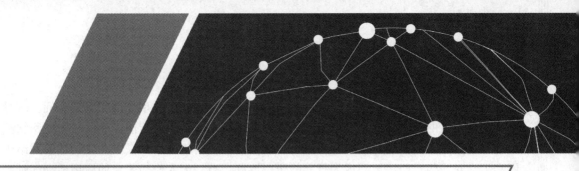

第12章 国防智能化

12.1 概　　述

国防是指一个国家为抵御外来侵略，防止武装颠覆，打击恐怖活动，保卫国家的主权统一、领土完整和安全所进行的军事活动，以及与国家安全和军事相关的政治、经济、科技、外交、教育、文化等方面的一切活动和措施。

《后汉书·孔融传》中有"臣愚以为宜隐郊祀之事，以崇国防"，梁启超《新民说》又云："若无国防，则国难屡起，民将不得安其业"。可见国防与国家、人民命运息息相关，国防能力的强弱，直接影响着一个国家乃至一个民族的兴盛和存亡。强大的国防起着捍卫国家主权、保卫国家统一、维护国家领土完整、保障国家安全的重要作用。

随着大数据、物联网，以及机器学习、机器视觉和模式识别等人工智能前沿技术的快速发展，人类正在走向人机结合、信息融合、万物智能，国防和军事就是这些技术实践和应用的重要领域。2016年6月，由美国研究人员开发的Alpha系统在模拟空战中对抗两名退役战斗机飞行员，飞行员驾驶的喷气战斗机具有更强的武器攻击，但是Alpha系统通过人工智能程序控制飞机可以轻松躲避攻击，最后人工智能大获全胜。比赛结束后，两名飞行员认为人工智能能够快速掌握战场态势，反应迅速，能够预测人类的想法，并在人类改变飞行动作或者发射导弹时立即做出反应。美军装备的智能头盔，能通过感应人的脑电波，具备意识识别及控制功能。

目前，世界各国都在加快军事智能化的进程。中国共产党在十九大报告明确指出，要"加快军事智能化发展，提高基于网络信息体系的联合作战能力、全域作战能力"。人工智能在国防军事上的应用已经成为军事变革中的重要推手，这也是各国实现创新超越、实现强国强军的一个难得的战略机遇。

国防智能化不仅仅是人工智能和国防军事的简单叠加，而是由人、智能武器装备、智能作战方式构成的一个有机整体，不但包括使用智能武器、智能装备攻击敌方物理作战目标及作战人员，还涉及使用智慧"炸弹"攻击敌方思想意识，瓦解对手战斗意志。

智能武器作为军事智能化的表现形式，其出现也为国防军事开辟了新的空间。制导弹药、无人装备的加入，催生了分布式杀伤、多域战、蜂群战、智能云作战、智能网络战等新的作战理论。凭借着己方信息智能化和决策智能化的优势，在去中心化的战场网络中切断和迟滞对方信息与决策，成为智能战争中取胜之石。无人作战平台的应用成为一种新型的作战样式来主导未来战场，协同有人系统，运用智能感知、智能决策、智能控制，极大地丰富了作战方式，拓展作战力量。

从机械化、信息化到智能化，战争的形态、方式已经发展到了新的阶段，国防智能化也成为抢占军事竞争的制高点，成为决定未来战争胜负的关键要素。国防智能化是军事信息化的继承与发展，是推动现代战争形态逐步演变的强大技术力量。俄罗斯早在2013年就成立了机器人技术科研实验中心，提出未来20年要在智能化、无人技术等方面取得重大突破。美国在《国家人工智能研究与发展策略规划》、《人工智能与国家安全》等报告中提出发展以人工智能为核心的国家安全政策。欧洲强国也不甘落后，相继提出本国的军事智能化战略。面对悄然来临的智能化战争，面对不进则退的严峻形势，中国也发布实施了《新一代人工智能发展规划》、《促进新一代人工智能产业发展三年行动计划(2018—2020年)》，为大力推动军事智能化提供了政策和规章制度方面的保障。

美国很早就开始探索人工智能在军事上的应用，2007年，美国国防高级研究计划局开始了DeepGreen计划，将仿真技术嵌入指挥控制系统，用以提高指挥员临场决策的速度和质量。并于2009—2014年先后进行了大量基础技术研究，探索文本、图像、自然语言、视频、传感器等数据的自主获取、识别、处理以及提取特征、挖掘关联关系等技术。2015年，美国国防部高级研究计划局新增了"大脑皮质处理器"等人工智能研发项目，通过模拟人类大脑皮质结构，解决即时控制等难题，以大幅度提升无人军事平台自主能力。2016年底，美国国防部国防科学委员会发布的题为《自主性》的研究报告，分析了当前以自主为核心的人工智能技术发展态势和面临的问题，其中指出了当前传感器已经实现了全频谱的探测，机器学习、分析推理技术已经实现了以任务为导向制定决策，运动控制技术已经实现了路线规划式导航，协同技术已经实现人-机与机-机之间基于规则的协调。

2017年初，美国公布《2016—2045年新兴科技趋势报告》，明确了20项最值得关注的科技发展趋势，其中就包括人工智能、云计算、量子计算、大数据分析等新兴技术，认为在未来的30年，这些技术都将成为影响美国国家力量的核心科技，可以确保其在未来战场上的战略优势。美国在伊拉克、阿富汗战场上投入使用的地面轮式和履带式大、中、小机器人已经超过数万个。2017年，美陆军发布的《机器人与自主系统战略》中提出国防智能化建设的近期、中期和远期三大目标。如图12-1，近期目标是到2020年为部队采购一定数量的便携式机器人与自主系统，中期目标是从2021到2030年寻求发展包括无人战车在内的先进机器人与自主系统、人机协作等技术，远期目标是从2031到2040年替换过时的自主系统，装备新型无人自主系统，并将其完全集成到部队。

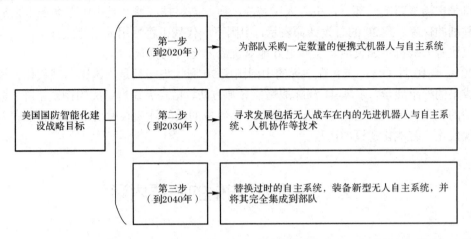

图 12-1　美国国防智能化建设战略目标

2017 年 10 月，美海军成立水下无人中队，预计到 2020 年形成完全作战能力，到 2024 年将配备包括大排量无人潜航器和超大型无人潜航器在内的 45 艘水下无人潜航器。值得一提的是，The Johns Hopkins University Applied Physics Laboratory 宣布，已成功研制出可在水下和空中航行，并能反复跨越不同介质的"飞鱼"型无人空中水下自主航行器。2018 年，美国国防部提出建立"联合人工智能中心"，以此作为一个负责军队智能化建设的机构，表明美军在人工智能战略的牵引之下开始统筹规划建设军事智能化体系。

俄罗斯、印度等国也高度重视人工智能技术在国防和军事领域的应用，俄罗斯总统 Putin 公开表示，"谁成为人工智能领域的领先者，谁将成为世界的统治者"。俄罗斯国防部成立了先进技术研究基金会，强调发展图像处理、语音识别、军事自主控制系统以及武器生命支持等人工智能技术。在俄罗斯的《2018—2025 年国家武器发展纲要》中，研发和装备智能化武器系统被列为重点内容，其中包括了对空防御、无人机、机器人、电子战、网络战、单兵防护等多个方向。2017 年 9 月，俄罗斯国防部发布了《2025 年先进军用机器人技术装备研发专项综合计划》，强调人工智能机器人技术是重点研发的新军事技术，至 2025 年，无人作战系统在俄军武器装备中的比例将占到 30%。2018 年，印度国防部成立了 17 人的"人工智能工作组"，为将人工智能充分应用于军事领域，专门开发用于未来战争的人工智能动力武器和监视系统，提高印度的攻防作战能力，研究包括模拟演习和训练、网络安全、无人监视、智能侦察技术、航空安全及致命式自主武器系统。

中国在国防智能化的道路上也不遑多让，"今天下英雄，惟使中与美耳！"不再是一句玩笑话。中国陆军第三代主战装备已经全面成熟，建立了安全自主拥有第三代国际先进水平的武器装备体系。目前，中国正致力于人工智能的研究并加紧自主武器研发，美国记者

Bill Gertz 评论中国人工智能的军事化应用正在超越美国。提高坦克部队、海军和空军智能化一直是中国战略的一部分，引入人工智能，研发高科技武器，是中国军队在未来战争中取得胜利的保障。歼 20 的总设计师表示，中国下一代战机将使用人工智能技术，未来的无人战机比有人战机更加灵活，能够更好地对抗敌方无人机编队。

2019 年 10 月 1 日，在北京举行的中国国庆 70 周年大阅兵是中国国防现代化、智能化建设成果的一个展示。东风-41 洲际战略核导弹方队、箱式火箭炮组成的钢铁巨阵、披着神秘面纱的无人机方队，这些"大国重器"装备组成的受阅阵列映射出中国全面推进国防和军队现代化、智能化建设的历程。

12.2 国防智能化的主要内涵

12.2.1 智能武器装备

"工欲善其事，必先利其器"。从冷兵器到热兵器再到现在的智能武器，武器的发展贯穿了整个人类史，正可谓武侠故事中所讲的"有人的地方就有江湖，有江湖的地方必然有纷争"。虽然现在所处和平年代，但警钟长鸣，"历史的长河奔涌浩荡，惟奋楫者先"。国防装备智能化发展浪潮汹涌澎湃，势不可挡，越来越成为世界军事竞争的趋势和焦点。

智能武器指的是具有人工智能技术，可以自动检测、识别、跟踪和摧毁目标的现代高技术武器，包括智能枪械、无人迫榴炮、多功能舰艇、制导武器、隐形武器、无人驾驶坦克、无人机、战场机器人及其他新概念武器。智能武器是当代国防和军事的利器，可以让机器的精准和人类的创造性完美结合，并利用机器的速度和力量让人类做出最佳判断，从而提升认知速度和精度。

智能枪械是根据生物统计和人工智能等技术而发展起来的能够自动识别、操作来完成特定任务的新概念枪械。这种枪械配备了 VR 眼镜、作战平板等其他装备，枪械内置弹道计算机以及智能学习、识别模块。当无人机或者卫星监测到目标位置后将目标信息发送到作战平板和 VR 眼镜，实现信息及时共享，如图 12-2 所示。就位的战斗人员根据地形地貌以及作战平板数据拟好作战方案，在发起战斗时只要对枪械输入作战目标信息，士兵再也不需要像以前一样用肉眼去通过瞄准镜瞄准，极大地减少了战斗前暴露，以及战斗过程因露头攻击被击杀的可能性。枪械内置的智能学习模块还可以对子弹弹道路径进行修正，极大地提高了射击的准确性。考虑到这种枪械制造成本，被敌军缴获将会损失重大，内置的识别模块可以通过图像、指纹、密码等信息识别枪械的主人，一旦落入敌人之手，那也只是一堆"破铜烂铁"。

图 12-2　智能枪械作战

无人迫榴炮是无人迫击榴弹炮的简称，是指不需要人为操作即可以发射迫击炮弹，又可以发射榴弹炮弹，兼顾中近程距离打击的火炮，如图 12-3 所示。由于具有射角大，弹道弧线高等优点，可以提供中近程曲射火力支援，尤其是在山区或者城市等障碍物较多的地方，很受步兵的青睐。但在进行战斗时，会因为哑炮、臭弹、重复装填等发生爆炸，造成炮手伤亡。为了解决这一隐患，从最开始的迫击炮到后装线膛、曲平射两用、自动连发迫击炮再到多功能无人监管全自动迫榴炮，现在已出现了多种自行迫榴炮，包括 05 式 6×6 轮式自行迫榴炮、8×8 装甲底盘迫榴炮、04A 履带式步兵战车底盘迫榴炮、履带式空降战车底盘迫榴炮、履带式高速两栖突击车底盘迫榴炮等近 10 个型号，分别装备了陆军轻型机械化部队、重型机械化部队、空军空降兵、海军陆战队等各种类型的军兵种部队。

图 12-3　无人迫榴炮

智能制导武器是以微电子、计算机和光电转换技术为核心，以人工智能技术为基础发展起来的高新技术武器，是对引导战斗部准确打击目标的各种武器的统称。包括智能制导导弹、智能炸弹、智能炮弹、智能鱼雷等武器。"穷则战术穿插，达则疯狂乱炸"。东风系列导弹是世界上到目前为止，导弹种类最全面、射程覆盖最全的一个导弹系列，从战术导弹到战役导弹，再到战略导弹，从近程导弹到中程导弹，再到洲际导弹，中国东风导弹系列一应俱全。图 12-4 是 DF-17 和 DF-41 导弹，其中，DF-17 射程在 1800～2500 公里之间，智能制导误差能够达到几米范围之内，飞行高度 60 公里，比现有导弹飞行高度低很多。目前美国的反导系统只能拦截 2-4 马赫的导弹，而东风 DF-17 所搭载的高超音速滑翔弹头，速度在 5 马赫左右，这对于常规反导系统而言，简直是噩梦一样的存在。DF-41 洲际导弹更是采用三级固体火箭布局，搭配 TEL 三用机动发射车，有公路机动部署、地井部署和铁路机动部署三种方式。具有打击灵活性、隐蔽性强等优点。DF-41 采用惯性制导系统和多弹头变轨技术，每个分导式弹头都有自己的飞行弹道，调整轨道可以攻击不同目标，对反导系统有极强的突防能力。同时，这些导弹在智能化方面也有很大的提高，仅仅只需要几个人就能完成发射，彻底告别了过去的"千人一杆枪"的大阵仗，操作发射变得更加简单、便捷、高效。

(a) DF-17　　　　　　　　　　(b) DF-41

图 12-4　国庆 70 周年阅兵东风导弹

　　智能隐形武器是指运用现代科技手段进行隐蔽，难以为敌方侦察所发现的武器装备。所谓"神出鬼没"、"出奇制胜"，是兵家所追求的理想战争方式。随着科技的创新，智能隐形武器和隐形部队出现在现代战场，登上了战争的舞台。现代智能隐形武器主要是通过雷达隐形、红外隐形、可见光隐形和声音隐形等技术来达到隐形目的。图 12-5 是美国的超级"蝙蝠"B-2 隐形战机，也是当前世界上隐形能力最强的轰炸机，它的雷达反射面积仅有 $0.1 \sim 0.3 \, \mathrm{m^2}$，在敌方雷达荧光屏幕上反映只相当于一只飞行中的小虫子。超强的隐身能力，使得对方防空系统形同虚设，可以大摇大摆地进入敌方腹地进行轰炸。美国轰炸利比亚军用机场时就出动了三架 B-2 隐形轰炸机，做到了轰炸战机零损失。

图 12-5　B-2 隐形轰炸机

人工智能概论

182

智能杀手机器人是一种新型的智能武器装备，也是一种有争议的智能武器。2017 年，在日内瓦举办的超过七十个国家代表出席的联合国武器公约会议上，展示了一架很小的智能无人机，如图 12-6 所示，体型就像蜜蜂，但它的处理器比人类大脑快 100 倍，而且拥有广角摄像头、传感器、面部识别等各种黑科技设备，可以躲避人类各种追踪。只要输入目标图像信息，它就能如手术刀般精准找到打击对象，戴口罩、伪装统统没用，识别率高达 99.99%。同时，每个智能杀手机器人可以配有 3 克浓缩炸药，确定目标后，一次撞击可以毫无压力爆头，摧毁整个人类大脑。而且它还能穿透建筑物、汽车、火车，躲避人类子弹，应对几乎所有防御手段。可以设想，如果把一个造价仅 2500 万美元的杀人机器蜂群释放出去，就足以杀死一个中小规模城市的人口。

图 12-6　智能杀手机器人

12.2.2　智能指挥

对于为将之道，苏洵在《心术》中便作了阐述，"知理而后可以举兵，知势而可以加兵，知节而后可以用兵"，方能"运筹帷幄之中，决胜千里之外"。到今天，对"理、势、节"的判断形式也随着人工智能技术深入发展及军事化应用而改变，推动着作战指挥模式发生着重大的变化，"信息+智能"成为智能化战争中作战指挥的特征。

指控系统是作战体系的中枢神经，是战争制胜规则的核心部分。先进的人工智能技术广泛应用于军事领域，战场战况出现了新的变化。远距离的传感系统和卫星监视系统极大地增加了对敌纵深情报的获取；远程制导武器加大了火力打击范围和精度；新型战机、舰艇、战车等平台的装备增强了作战机动能力；网络空间作战使得指挥协同和战场信息传输面临威胁的复杂电磁环境。这一切使得现代化战争具有全纵深、立体化、快速化、协同复杂化、指挥困难等特点，单独靠人工制订快速、可靠的作战方案已经不能满足现代化作战的需求，因此出现了智能指挥的辅助手段。

智能指挥就是将人工智能技术与军事指挥理论相结合的一种新型指挥方式，指挥员和指挥机关通过发挥人与机器的互补优势，围绕传统的"侦、控、打、评"等方法，实时获取战场动态信息、处理动态信息、选择攻击目标、评估战斗风险，来实现对战场信息的综合利用。利用相关信息做到对战场物资、战场动态的有效控制和指挥，时刻掌握战场主动权。

智能化战争作战空间广、参战兵种多、装备丰富，传统的树状指挥结构难以适应快速、实时指挥要求。目前，已采用网络节点式的指挥结构，运用了大数据、云计算、人工智能技术，构建成一对多的网络架构。指挥决策层可以实时监控多个行动部队的动向，哪个节点出现了问题，都可以直接将命令传送到指挥层，减少了中间指挥层级，提高了指挥效率。借助智能化指挥系统，对突发情况进行缓急程度排序，提供最佳预解决方案，减少指挥时间。这既有利于实时掌控部队，又能及时处理突发状况，使指挥由提供作战计划向动态协调控制转变。按照新的指挥机构和编制，以网络信息体系为支撑，联合各级指挥机构、作战部队和武器平台，建设智能指挥平台。各级指挥员和指挥机关能够通过实时的信息进行判断和决策，及时调整部队动态，使作战指挥更加实时。另外，指挥控制方式智能化，能克服人性弱点困扰，提升指挥决策的正确性。

未来的智能战争是双方指挥人员和指挥系统的一种智力对抗，其关键在于指挥链路一体化、指挥系统智能化程度的高低较量。美国空军提出的"智能云"，就是采用信息情报技术进行监视、侦察、打击、机动和维持复合，协同大数据和云计算概念，整合海、陆、空等多维作战力量，与作战指挥平台、传感器、武器系统等组成虚拟存在的"云"。在体系层实现战场多资源、高动态、海量的信息分布式处理与共享，构建跨军种、跨领域、网络化的"智能云杀伤"协同作战体系。

在智能云的基础上，未来要实现完美的人机交互指挥流程，还要进一步提高信息处理流程、指挥决策流程和控制协调流程的智能化程度。建立纵贯战略、战役、战术三级，连接各兵种智能化情报处理系统，依托智能系统对信息进行对比验证，形成战场态势分析。依托作战数据库进行建模，量化各智能武器平台打击能力，精确计算所需武器、弹药，实现指挥员主观判断与定量分析、实时反馈的有机结合。根据指挥信息网络，实现自主协调控制，形成"智能感知系统-智能指挥-智能武器装备"的实时链接系统，做到快速同步决策和精准控制。

12.2.3　智能军事训练

"工欲善其事，必先利其器。器欲尽其能，必先得其法"。军事训练的主要任务就是要得其"法"。谁先掌握先进、科学的训练理论和方法，谁的训练质量就高，战斗力就强，谁就能在战争发生时占据主动权。

再先进的武器也需要人去操作，再复杂的战争也需要人去驾驭，军事战争本身就是人类的一种艺术行为。马克思认为，人是战斗中最能动、最活跃的因素。军事训练能够通过调动军人个体的军、政、文、智、体等主观因素，来影响战争的终极性。列宁在题为《旅顺口的陷落》中指出，尽管沙皇俄国购买了"顶好的军舰"，但由于官兵不学无术，他们的军事力量也就"徒有其表，毫无用处"。因此，智能武器要想发挥其真正威力，也需要通过训练有素的人来实现。尤其是在和平时期，新式装备不可能完全达到战场实战要求，通过军事训练活动，可以达到检验武器装备性能的效果，通过训练，将军人主体要素和武器装备客体要素紧密结合起来。

除去传统的体能、射击等基础军事训练，现代智能军事训练还增设了情报模拟训练、指挥模拟训练、综合态势模拟训练等针对不同战争态势的训练。用于对装备的操作技能训练、参谋作业训练和各级指挥员感知逼真的战场态势来进行分析、决策和指挥训练。关注战争态势发展，根据实际情况对交战和打击模型进行处理，聚焦于复杂态势环境训练。智能训练系统包括各节点独立态势处理训练、联合定制训练、联合统一控制训练、红蓝对抗训练、训练评估等，强调联合与统筹，通过网络横向和纵向连接各训练战术应用，形成多兵种统一、上下联动的分布式训练。

现代智能军事训练已形成"网络+云+终端"的训练系统架构，可以通过底层基础网络，将训练存储资源、计算资源和各种资源服务于各层级的模拟训练，构成战役级的分布式训练体系。实现了作战计划制订和命令下发、模拟作战环境构建、组训方导调导控、参训方模拟处置、训练评估和分析。通过实时接入真实信息源或将历史真实数据，与模拟数据进行混合，生成虚实结合、复杂、逼真的作战环境态势，为后续的实战环境胜利提供保障。在作战场景模拟中，实现了空中、水面、水下、陆地、空间、电磁等各种目标模拟，以及一些典型目标航迹和活动规律等。

最后，智能军事训练还可基于训练的各类数据，建立训练评估指标体系，构建数据分析、挖掘和机器学习、深度学习等智能化评估算法，实现计算机辅助智能化训练评估。

12.2.4 智能后勤

中国古代军事理论中就有"兵马未动，粮草先行"、"军无辎重则亡，无粮食则亡，无委积则亡"，可见后勤保障的重要性。新一代人工智能技术的发展、军事变革的加速，战争形态、部队编制、作战方式、装备体系都产生了根本性的变化，与之相关的军队后勤保障也随之迈入智能化时代。

智能后勤即"后勤+人工智能"，是指在军事后勤领域运用物联网、大数据、人工智能等技术，融入现代管理理念、信息化战争等理论方法，实现一种需求自动感知、资源自主调动、任务自主执行的智慧化、自主化后勤保障体系。通过后勤系统的智能处理、大数据的决策、军事任务的执行、信息网络的协同，实现保障自主化、管理智慧化、装备自动化、流程协同化、人机一体化的现代后勤保障体系。

　　未来的战争必将是智能化的战争，后勤保障的对象大多为智能化作战装备。以往信息化战争的"以快制慢"方法将会被"以灵制笨"所取代，传统的"供、救、运、修"后勤保障职能需要适应智能设备的发展，聚焦现代战争模式，由信息化向智能化方向发展。其中，实施后勤保障，战略物资的储备是基础，运输才是关键。物资装备再丰富，送不上去，伤员运不下来，后勤保障就相当于一个空壳。早在抗美援朝战争和越南战争时人们就总结出了"千条万条，运输第一条"。现代战争利用 GPS、路径规划算法等对运输路线方案进行精确规划，并形成一套"感知需求、生成方案、控制资源、精确行动"的后勤保障措施。

　　在智能后勤体系不断健全的过程中，智能化后勤保障装备也是种类繁多。无人运输车、无人运送机、战场救护机器人、智能维修机器人、无人洗衣车、无人厨房、无人食品加工舱，让人大开眼界。图 12-7 是战场救护机器人和无人运送机。同时，后勤保障体系智能化也逐渐从传统的物资搬运、战场伤员救治和运输补给扩展到核生化武器探测、工程保障和自主加油等勤务领域，由单一功能向着复合型功能发展。诸如"云脑""数字参谋""虚拟物流"等技术的出现也赋予了保障体系智能化特征，将人工智能带来的优势融入现代后勤智能化保障中去。

(a) 战场救护机器人　　　　　　　　　　(b) 无人运送机

图 12-7　智能后勤装备

12.2.5　智能战场

　　智能战场是智能武器和智能技术手段延伸到信息化战场所形成的结果。具有人脑思维般的智能系统可以感知整个战场态势，控制战场中武器装备的投入、战场的指挥。由于科技的快速进步，现代战争出现了现实与虚拟两种形式，并将战场分割为智能现实空间战场与智能网络空间战场，两者形式不同，但又相辅相成。

智能现实空间战场主要是物理杀伤层面的战争，智能化战争主要形态是基于初级和高级人工智能技术的无人化战争。战争是人的一种有意识的行为，本质是人类的战争。无人化战争并不是说在战争过程中没有人的参与，而是在战场一线采用战场机器人、无人武器装备对敌进行打击。加州大学伯克利分校的一位教授曾展示了人工智能杀人蜂的效果，充分显示了杀人机器人的威力，揭示了无人化战争的残酷。

不管是军事还是民用领域，人类一直在尝试用机器去代替人，只要是机器能够满足要求，就不会让人去做，在军事领域体现尤为明显。现在军队中也已经在使用比较成熟的无人技术，如侦察机器人、排爆机器人、运输机器人等。据不完全统计，制造一架歼 20 的成本仅供培养两名优秀飞行员的支出，无人机的出现既可以减少战斗减员，又能减少飞行员培养数量。现有人工智能技术已经完全可以做到一人驾驶母机，与一定数量的无人机组成战斗集群。通过数据链系统组成局部感知与打击网络，无人机群协同母机完成侦察和打击任务。无人作战能够不间断执行任务，只要能源补给充足，不需要像人一样休息恢复，可以真正做到 24 小时全天候待命。另外，还有许多人类无法进入的地方，像生化污染、超低温、极高温等区域，都可以使用机器人完成相关军事任务。

从贝卡谷地之战中以色列研发的"猛犬"无人机初露锋芒，到海湾战争、伊拉克战争、阿富汗战争中"猎人"、"魔爪"等各种无人机器、平台参与战斗，再到近年叙利亚战场上无人平台清剿 IS 据点，这些战争实例都表明无人化作战已经步入战争舞台。

世界第四大军工生产厂商 Northrop Grumman 研发的 MQ-8B 是一种可垂直起飞着陆、携带"地狱火"导弹、"蜂蛇打击"激光制导滑翔弹、激光制导火箭弹以及先进的精确杀伤武器系统的无人机。MQ-8B 可以从战舰甲板上起飞，所用占地面积极小，能够完成对地面、空中和海上的增援，旨在提供情报监视、目标截获和侦察、空中火力支援、激光指示和战斗管理服务。General Atomics USA 研发的 MQ-1C "灰鹰"是"掠食者"的升级版，可以携带光电、红外、激光测距仪、激光指示器、通讯中继器、四个"地狱火"导弹以及"蜂蛇"制导炸弹。能够在 8000 多米高空中，以每小时 270 千米的速度飞行，进行侦察、监视、目标捕获，并制订攻击方案。

中国国庆 70 周年亮相的中国自主研发的攻击-11 也是一款集侦察、打击于一体的无人机。攻击-11 前缘后掠角高达 55 度，与之设计方案高度一致的美国 B-2 隐身轰炸机仅为 33 度，从垂直于机翼边缘角度雷达反射信号更强来看，攻击-11 有着更良好的隐身角度范围。飞机进气道有巨大的弯曲，采用了 S 型进气道，从正面和尾部完全无法看到发动机，避免雷达波直接照射发动机尾部加力燃烧室和涡轮，形成龙波透镜效应，也有利于更好地隐身。尾部采用了大约 4：1 宽高比的排气口设计，还采用了 B-2 隐身飞机类似的下方长槽，使得飞机高热气流尽量在机身尾部迅速混合冷却，降低敌人红外设备的探测。后缘襟翼和副翼接缝都进行了精细的切尖处理，避免了舵面偏转时，对侧面雷达形成的镜面反射，这种反射可以使得飞机信号提高几百上千倍。

作战机器人是各国发展的方向，2016 年俄罗斯推出了一款名为"Fedor"的人形机器人。能够执行比 Boston Dynamics Atlas 更加危险的任务，直立身高约 1.82 米，最大搬运 20 kg 重货物，攀爬、跌倒后可以自行爬起，匍匐前进、俯卧撑对它来说轻而易举。Fedor 关节非常灵活，具备一定的学习能力，可以自己骑摩托车、驾驶汽车，根据携带装备不同在地球轨道上可以执行各种作战任务。中国推出的作战机器人，外形酷似坦克，拥有着履带式的底盘以及可选战的遥控枪塔，可搭载轻型冲锋枪、手枪武器。行进速度和成年人小跑速度差不多，各种障碍地带对它来说都不是问题。机器人的重量只有 18 kg，便于携带，在巷战和危险地区作战中可以发挥意想不到的效果。

智能网络空间作战是指围绕争夺网络空间控制权而展开的技术性智能军事作战。其本质是通过相关网络技术和人工智能技术，建立信息和信号引发的攻击或防御信息系统，提高网络空间信息负载、能量传输和信息处理控制，在各种侦察与反侦察中获取信息优势。网络空间作战是集物理、逻辑和认知攻防于一体的作战，运用网络能力开展军事活动、完成军事目的，包括了电子战、网络战和心理战等形式。

网络空间关系到未来军队的建设和发展方向，是未来战争的重要行动空间，是指挥控制部队的基本依托。尤其是在无人化战场，联合体系下的网络空间作战显得尤为重要。在军事硬件实力不平衡的今天，网络空间作战提供了一种能够以小博大，甚至不费吹灰之力，千里之外就能给敌人造成致命打击的作战方式。网络作战是一种高新技术作战方式，能够让武器系统故障、火车脱轨、飞机坠毁、导弹发射到错误地区、军队进入埋伏区、金融系统崩溃、后勤滞后、卫星脱轨、航班停飞、供应停止等。战时，网络空间一旦遭到攻击并摧毁，整个军队战斗力会急剧下降，军事机器处于瘫痪状态。因此，谁占据了网络空间的制高点，谁将掌握未来战争胜利的主动权。

目前，智能网络空间作战主要包括态势感知、作战攻击、作战防御、作战支援四种网络空间作战样式。由网络战场环境、网络空间数据、网络空间作战武器、网络空间作战技术、网络空间作战力量五部分组成网络空间战场。网络作战内容有情报活动、作战指挥、攻防对抗、实体控制、舆情导控、价值博弈、规则制订、技术比拼、服务保障等方面。

智能网络空间作战通过收集网络中相对脆弱的数据，运用智能网络武器进行攻击和防御，之后对作战任务及目标进行评估，根据作战反馈效果制订下一步作战计划。战前，进行目标信息收集、锁定以及对目标弱点进行探测、挖掘，如网络 IP 地址位置、拓扑结构、防火墙、服务器、端口等。战时，将收集到的数据转换成适合的情报信息形式，生成战场态势图，通过系统人机接口与作战指挥人员进行信息交互。综合收集信息，进行方案推演和作战效果分析优化，辅助指挥员开展作战计划。将网络作战力量综合运用，形成具体作战计划，并开展行动指挥控制，完成作战任务。

12.3　未来发展趋势

以人工智能为核心的新一代技术应用于国防领域，正在深刻改变着人们的国防认知思维及军事作战方式，这也引起国防战略和军事战争形态与样式的变化。未来战场中，将会围绕"感知、分析、判断、决策"等环节进行对抗，由此产生的海量数据在战场态势的引导下，并行处理成为可能，形成一体化并行作战新形式。智能系统成为攻防的主对象，敌对双方通过网络空间博弈控制战场上的机器人、无人机等作战装备及系统，实现克敌制胜。

相比现在战争面貌，未来智能化战争中将会具有态势全维感知、手段自主控制、方式人机协同、力量联合集群、决策辅助执行、系统智能快速的智能化发展趋势。

态势全维感知，就是以物联网、智联网和脑联网作为战场基础域，物理域、信息域、认知域、社会域深度融合，使战争态势全息透明。多维统一的战场智能感知网络能够全域覆盖、多元融合、实时处理和信息共享，达到对整个战场全过程、全方位的掌控。

手段自主控制，就是武器装备在智能硬件、软件的加入下，都有了各自的"五官""大脑"，在战场网络的支持下具有了一定主观能动性。他们能够根据不同战争场景自动寻找、躲避、锁定目标，完成特定作战任务。同时，也可对自身武器平台的战斗性能进行自我评定，对故障武器平台进行自动诊断，具备自我修复能力。

方式人机协同，就是在各种作战行动高度耦合的未来，人机一体化并行作战成为智能化战争的新形势。人工智能武器装备上升为人类"战斗伙伴"，人类优势与智能机器优势结合，有人与无人系统双向互动、协同作战，带来全新的作战方式，实现战场利益最大化。

力量联合集群，就是未来战争力量向着联合集群化发展，编组向着自主适应转变。战术单位成为主作战单元，按照职能不同编成多维空间作战的一体化小集群，根据不同作战需求执行海、陆、空等多域作战任务。通过信息实时交互融合，实现作战单元自适应、弹性化编组，完成对敌高效、饱和打击。

决策辅助执行，就是随着智能云脑、数字参谋的出现及进化，战争决策发展为人机混合决策、云脑智能决策及神经网络决策。高层决策等艺术性强的由人来完成，其他大数据决策由机器辅助完成。由于多中心的决策耦合，即使信息轰炸也能进行快速组网与决策。既能自主决策，又能为战争体系提供分布资源，形成新的群体智能。

系统智能快速，就是提升系统整体策略机制，在智能算法控制上取得优势。通过摧毁或控制敌方"大脑"，使敌方不能思考决策而导致行动失败，达到不战而屈人之兵的目的。拥有系统优势的一方能够先敌发现、先敌决策、先敌打击、先敌摧毁，占据战场主动权。运用超强算法，能够摆脱信息冗杂的"战争迷雾"，针对敌方变化，做到快速制敌。大大提高对战场时空的认知与简化，实时精准把握多维空间、多维领域的战场资源。

人工智能技术已经成为推动国防军事改革的重要力量，不仅会促进现代军事理论创新和国家国防建设，而且将可能颠覆和重塑现代战争形态和军事格局。

习　题

1. 阐述智能国防的涵义是什么？
2. 简述各军事大国在推动军事智能化方面有哪些举措？
3. 结合具体战争案例，说明智能武器装备在现代军事行动中的应用。
4. 解释说明智能指挥的定义是什么？
5. 结合现代战争案例，说明后勤保障进行智能化建设的必要性。
6. 结合所学内容，展望未来国防智能化的主要趋势有哪些？。

参 考 文 献

[1] 王超，龙飞，张国等. 人工智能技术及其军事应用[M]. 北京：国防工业出版社，2016.
[2] 石海明，贾珍珍. 人工智能颠覆未来战争[M]. 北京：人民出版社，2019.
[3] 高富营. 军事智能论[M]. 北京：国防大学出版社，2009.
[4] 庞宏亮. 21 世纪战争演变与构想：智能化战争[M]. 上海：上海社会科学院出版社，2018.
[5] 敖志刚. 网络空间作战机理与筹划[M]. 北京：电子工业出版社，2018.

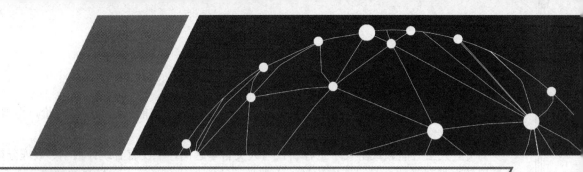

第13章

人工智能应用中存在的问题

13.1 概　述

与前几个人工智能时代不同，这一轮人工智能技术的兴起不再只停留在实验室，或是少数人的思维中，而是"忽如一夜春风来，千树万树梨花开"，在人类生产、生活、工作等各个方面开花结果，催生出了各种新技术、新产品、新产业、新模式，深刻影响着、改变着人类的生产生活方式和思维模式。人工智能技术研究与创新百家争鸣，人工智能技术应用与落地百花齐放，人工智能社会体系已经初见端倪。

目前，人工智能在各领域已经有长足的发展。技术层面，已经形成包含基础层、支撑层、应用层的人工智能知识体系结构，在计算机视觉、语音工程、自然语言处理等研究方向取得了突破性进展。政策层面，中国、美国、欧盟等数十个国家和地区纷纷发布国家战略，以期占领新一轮科技革命的历史高点。产业层面，Google、IBM、Microsoft、百度、腾讯等企业纷纷调整发展策略，力求在未来市场竞争中占有一席之地。教育和人才培养层面，各国先后在高校、中学、小学开设人工智能相关课程，培养适应未来科技社会发展的各类人才。应用层面，人工智能技术已经在制造、交通、医疗、安防等多个领域应用落地，共享单车、无人超市、无人机等都成为社会热门话题，人工智能切实走进了人们的生活。

据统计，人工智能技术在实际应用中10%的难度在于算法，20%在于技术，70%在于应用场景和落地。本书中我们大篇幅地介绍了人工智能的应用场景和落地，但如果没有有效解决人工智能技术的实现问题，一切应用将都是空谈。那么在人工智能从基础理论走向实际应用的过程中，会遇到哪些问题呢？

人工智能繁荣的背后也潜伏着制约其发展的诸多因素，其中最大的瓶颈就是实现问题。人工智能从创意萌芽到调研、规划、设计等研发投入，再到最后的测试、落地，这一过程中不仅有显而易见的能耗、数据、算法、算力、落地成本，还有着许多难以预估的隐性成本。其中的数据、算法和算力成本，不仅中小企业，就是许多大型企业也是难以接受。高昂的前期成本必然要通过产品来收回，这也导致了后期人工智能产品高昂的售价，令普通消费者难以接受。

另外，人工智能领域游弋于工程科技与人文哲学之间，不仅有着统计数学、数理分析、计算机等自然科学的参与，还有哲学、心理学、法律、社会学等人文学科的加持。在众多领域，人类与智能系统或机器之间的关系也不是简单的非黑即白、孰是孰非问题，而是要面对更多社会、伦理、道德、法律等深层次的衡量和思考，人类也要面临着更加全新的、深远的考验和挑战。

因此，未来人工智能应用面临的不仅仅是产品落地、智能水平、实现成本、道德伦理等单一应用的问题，还要综合考虑这些已经出现的因素，以及即将出现、甚至没有出现的各种问题。

13.2 实现问题

13.2.1 能源消耗

有人将人工智能比喻成石油行业，对数据的采集、处理、分析和研判，就像是对石油的开采、精炼和提纯，一旦完成该过程，富含杂质、水分、低成本的原油就可以变成高附加值的汽油、润滑油、航空煤油等，同样，海量离散、繁杂、无特征数据就可以变为有价值、有用、有联系的信息。在能源消耗层面，人工智能也可以与石油行业一较高下，甚至远超石油行业。

以 Google 开发的自然语言处理深度神经网络 Transformer 为例，在使用神经网络架构搜索(Neural Architecture Search，NAS)的情况下需要训练 270 000 小时以上，排放 CO_2 约为284 吨，相当于普通轿车从制造到报废全过程排出的 CO_2 量的 5 倍。昂贵的 BERT 模型的碳足迹约为 1400 磅 CO_2，这与一个人坐飞机来回穿越美洲的排放量相当。此外，在模型构建的过程中，需要不断地调整和训练，有时甚至需要开发新的模型，其能耗成本之高可想而知，并不是一般人工智能研究和开发者可以承担的。

作为能源密集型领域，人工智能的研发不能只追求算力而忽视其背后庞大的能源消耗。著名的人工智能研究机构艾伦人工智能研究所(Allen Institute for Artificial Intelligence，AI2)曾调查统计了一定数目的论文，得出人工智能研究人员对准确率的关注度要远高于能效，进而提出在评估人工智能研究时应该更加注重能效。

除了日益复杂的人工智能模型，承载大数据以及人工智能计算的数据中心也耗电惊人。据《中国数据中心能耗现状白皮书》显示，在中国有超过 40 万个数据中心，每个数据中心平均耗电约 25 万度，总体超过 1000 亿度，这相当于三峡和葛洲坝水电站 1 年发电量的总和，碳排放量接近中国民航年碳排放量的 3 倍。在数据中心建设方面，衡量其能源效率的指标主要为电能使用效率值(Power Usage Effectiveness，PUE)，是数据中心总设备的能耗与 IT 设备能耗的比值，基准为 2，越接近 1 表明能效水平越好。2019 年 1 月中国工信部、国家机关事务管理局和国家能源局联合发布的《关于加强绿色数据中心建设的指导意见》中明确指出目标，到 2022 年数据中心平均能耗基本达到国际先进水平，新建大型、超大型数据中心 PUE 值达到 1.4 以下，具体任务如图 13-1 所示。

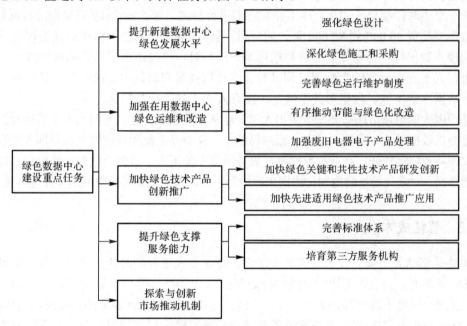

图 13-1 《关于绿色数据中心建设的指导意见》重点任务

有资料显示，神经网络的继续发展有望将其规模扩大至 100 万亿个参数，相当于人类大脑的容量，这样规模的神经网络将消耗大量能源。数据的分析、预测也需比较大的能耗，有数据预测到 2025 年，全球的数据中心将消耗全球所有可用电力的 20%。也许在不远的未来，人工智能产品的好坏可能不会单纯由其智能的高低来衡量，而能耗成本将成为"能智比"的一个新的、重要的衡量指标。

13.2.2 数据成本

随着云计算、大数据、物联网等技术的不断发展，累积的数据量呈现几何级增长。据国际数据公司(International Data Corporation，IDC)预测，全球数据总量预计 2020 年达到

44 ZB(1 ZB = 2^{70}B)，中国的数据量也将达到 8060 EB(1 EB = 2^{60}B)，占全球数据总量的 18%。海量的数据为人工智能的发展提供了充足燃料的同时，也带来不少挑战。

毋庸置疑，优秀的人工智能产品要以大量且优质的数据样本作为结论的来源，智能学习技术的重点在于对海量数据进行反馈和归纳，训练数据的数量和质量直接关系到人工智能产品的性能。大多数项目需要训练超过 10 万个数据样本才能表现出良好的性能。以打败各国围棋高手的 AlphaGo 为例，它学习了 3000 万局人类围棋对弈的图谱，还进行了几百万次的自我对弈，正是海量数据的学习成就了它的胜利。然而现实情况是，如果假设能够在大约一个小时内收集 5~10 个样本并对它们进行标注，那么一个 10 万级别的数据样本，则可能需要花费 40 000 到 80 000 美元的费用，具体的成本还取决于标注的复杂程度。同时，检查和校正数据样本与生成和注释数据样本一样耗时，这就造成了额外的数据成本。几乎所有进行人工智能研究的组织都遇到过与训练数据数量和质量相关的问题，具体有数据量不够、数据准确率低、数据形式不满足、没有人或工具进行数据标注等。

基于庞大的数据市场需要，衍生出人工智能基础数据服务业，专门为人工智能算法训练及优化提供数据采集、清洗、抽取、标注等服务，其中以采集和标注为主。早期人工智能基础数据服务业门槛较低，行业标准模糊，服务质量参差不齐。目前企业对训练数据的质量要求不断提高，对垂直场景的定制化数据采标成为主流，人工智能基础数据服务业进入成长期。

13.2.3　算法成本

算法是驱动人工智能技术发展的主动力，是这个人工智能时代的"语言"。20 世纪中期以来，涌现出了大量人工智能算法。Rosenblatt 提出的感知器学习算法，包括感知机学习、最小二乘法、梯度下降法等，能够实现二元线性分类。Rumelhart 提出的误差反向传播(Error Back Propagation，BP)算法系统解决了多层神经网络隐含层连接权值学习问题，具有理论依据坚实、推导过程严谨、通用性强等优点，时至今日仍为人工智能领域应用最广的有效算法之一。支持向量机(Support Vector Machine，SVM)是一类按监督学习方式对数据进行二元分类的广义线性分类器，衍生出一系列改进和扩展算法，在模式识别问题中得到了广泛应用。2006 年提出的深度学习更是掀起了研究人工智能的热潮，通过模拟人脑的分层结构对外部输入的数据进行从低级到高级的特征提取，进而解释外部数据，在搜索技术、机器学习、自然语言处理、推荐和个性化技术等很多领域得到了广泛应用。

根据解决的问题不同，大致可以将人工智能算法分为二分类算法、多分类算法、回归算法、聚类算法和异常检测算法，具体如表 13-1 所示。另外，迁移学习可以将一个预训练的模型重新用在另一个相关任务中，常见的迁移学习类算法有直推式迁移学习、归纳式迁移学习、传递式迁移学习、无监督式迁移学习等。

表 13-1 常用的人工智能算法

任务	算 法
二分类	二分类支持向量机、二分类平均感知器、二分类逻辑回归、二分类贝叶斯点机、二分类决策森林、二分类提升决策树、二分类决策丛林、二分类局部深度支持向量机、二分类神经网络
多分类	多分类逻辑回归、多分类神经网络、多分类决策森林、多分类决策丛林、"一对多"多分类
回归	排序回归、泊松回归、快速森林分位数回归、线性回归、贝叶斯线性回归、神经网络回归、决策森林回归、提升决策树回归
聚类	层次聚类、K-means 算法、模糊聚类 FCM 算法、模糊聚类 FCM 算法
异常检测	支持向量机、基于 PCA 的异常检测

目前，使用的人工智能算法主要以监督学习算法为主，训练模型需要大量的已标注数据，数据成本高，需要进一步提升算法模型，比如无监督学习算法、迁移学习算法、小样本学习模型以及自动生成数据等，通过算法的进步降低数据成本。人工智能算法的提升还可以节约算力成本，在以 AlphaGo 为例，与李世石对战的 AlphaGo 混合使用了蒙特卡洛树搜索、监督学习和增强学习算法，运行在 1202 个 CPU 和 176 个 GPU 上，更新一个版本需要 3 个月的时间；而与柯洁对战的化身为 Master 的 AlphaGo 放弃了优化的暴力计算算法蒙特卡洛树搜索和需要大量数据的监督学习，强化了增强学习的作用，仅需 48 个 CPU 和 8 个 GPU 就可以运行，更新一个版本的时间缩短至 1 周，大大降低了成本，可见优化算法的重要性。

目前，人工智能产业对开源代码和现有数学模型依赖性较强，从事底层框架和算法研究的科学家凤毛麟角，或许将是制约人工智能发展的核心问题。开源代码通用性强、使用门槛低，在其基础上稍加研发就能得到不错的应用，但其专业性和针对性不够，不能满足某些具体应用的实际要求。核心算法的缺位，会使遇到关键性问题时束手无策，人工智能的应用难以走向深入，研究自己的底层框架和核心算法刻不容缓。

另外，算法成本最直观的表现就是算法人才的薪酬，即使是一个小的人工智能团队，开发项目也需大量薪金。据互联网校招高薪酬清单显示，Google 中国的人工智能算法工程师年薪高达 56 万人民币，Microsoft、腾讯等公司薪资也紧随其后。这就造成了人工智能应用产品前期投入的高额人才成本，中小公司甚至难以聘请高水平算法人才，无法承担产品研发的重任。

13.2.4　算力成本

现阶段的人工智能的特点是小算法和大数据的结合，因此，处理海量数据就要考虑算力的问题。而算力成本主要表现在基础架构、集成、运维以及各种处理器成本因素。

人工智能的计算力归根结底由底层芯片提供。按照计算芯片的组成方式可以分为同构计算和异构计算，同构计算芯片组成计算单元的指令集类型和体系架构相同，异构计算芯片组成计算单元的指令集类型和体系架构不同。常见的计算单元类型有中央处理器(Central Processing Unit，CPU)、图形处理器(Graphics Processing Unit，GPU)、专用集成电路(Application Specific Integrated Circuit，ASIC)、现场可编程门阵列(Field Programmable Gate Array，FPGA)、张量处理器(Tensor Processing Unit，TPU)等。

CPU 是计算机的运算核心和计算核心，具有强大的调度管理能力，应用范围广，开发方便灵活。但其大部分硬件资源被用作控制电路和缓存，用来计算的逻辑运算单元只占小部分，运算量相对低但功耗不低。GPU 与 CPU 相反，大部分硬件资源被用作逻辑运算单元，适合执行复杂的数学和几何计算，为大规模数据并行处理提供了基础，与人工智能深度学习算法更为匹配。ASIC 适合于单一用途的集成电路产品，直接用软件思维搭建硬件电路，不需要指令和译码，专注于数据的传输和处理，大大提高了效能。FPGA 是硬件结构可以根据需要实时灵活配置的半定制芯片，既解决了定制电路适用性差的不足，又克服了原有可编程器件门电路有限的缺点。TPU 是 Google 研发的一种神经网络芯片，可以向 CPU 和 GPU 一样编程，还有一套复杂指令集计算机(Complex Instruction Set Computer)的指令集，支持卷积神经网络、全网连接网络等多种算法的运行。

相比于传统的计算，在大数据、云存储等的加持下，人工智能对计算力的需求近乎是无止境的，呈现出指数级的增长速度。据 Open AI 的一项研究显示，每三到四个月，训练大型人工智能模型所需的计算量就会翻一番。从 2012 年到现在，人工智能计算的能力增长了 30 万倍，同时期芯片的性能提高了 30 倍左右，远远超过了 Moore 定律。在半导体技术逐步趋近极限的情况下，计算力的提升需求对体系结构也提出了挑战。云计算可以通过网络将巨大的数据计算处理程序分解成无数个小程序，将其分发给多台服务器进行处理和分析，最后综合计算结果并返回用户，云计算就是一种典型的计算体系结构。对于云计算，如果模型不是很深，并且是在低维表格数据上进行训练，则将获得 4 个虚拟 CPU 运行在 1 到 3 个节点上的服务，每月费用为 100 到 300 美元，即每年 1200 到 3600 美元。另一方面，对于无延迟的深度学习推理，价格从 10 000 美元到 30 000 美元不等。

搭建一个相当规模的人工智能算力平台，需要大量 CPU、GPU、ASIC、FPGA、TPU 等计算单元。训练 AlphaGo 需要的算力相当于常见的消费级 1080TI 大约 12000 块，成本支出至少在千万级别。此外，除了基础架构成本，还需要集成成本，比如数据管道开发、应用程序接口(Application Programming Interface，API)开发。集成则是将 API 端点放在云中并记录下来，供系统的其余部分调用。准备要使用的人工智能模型，并编写、测试 API 脚手架需要 20 到 30 个开发小时，成本约为 1500 美元，修改系统的其余部分以使用新 API

还需更多的成本。稳定的数据管道也将花费更多的时间，大概需要 80 个小时左右，成本更是高昂。这样的开销对于 Google、Facebook、百度等巨头也许不算什么，但对于规模较小的公司是一个非常大的问题。

运维成本指的是在保障人工智能系统正常运行过程中，产生的包括网络、服务器、软件系统等环节的运行及维护成本。许多人工智能项目甚至没有明确的事件升级及限级标准，没有建立优先级和解决时限的标准，不能保证时间解决的时效性和资源的有效利用，增加了运维成本。人工智能要想步入成熟期，必须首先解决算力问题。

13.2.5 落地问题

落地是发展人工智能的关键环节，是人工智能技术的价值体现，是研发人工智能的根本目的。许多研发机构太过着迷于人工智能与机器学习本身，将开发预算集中于对技术的追求，而没有立足于解决实际问题之上。而在具体行业中，人们关心的只是如何用好人工智能，并不关心算法是怎么设计、运行的。所以，操作简单、易上手的人工智能技术栈就成为了刚需，而做到这一点，对数据准备、模型训练、测试调优等环节也就提出了更高的简化要求。因此，坚持技术发展引导应用落地，应用需求促进技术发展，两者相辅相成，但并非步调完全一致，具体的落地还存在一些问题。

人工智能设计的初始目的是使机器能够按照人为制订的规则和人为制造的逻辑执行相应的任务，而现实情况是用这样的方法能够解决的问题十分有限。直到如今非常热门的深度学习出现，只要一定程度的人为干预，人工智能就能通过对大量数据的训练自己生成模型，实现人类预期的结果。但是由于模型是自动生成的，其工作的原理人类无法解释，整个机理就是一个"黑匣子"。人们不能全面认识该模型，不清楚其中是否存在什么隐患和漏洞。这样的人工智能用到游戏博弈领域无伤大雅，无非是输赢问题，但要应用到医疗健康、军事国防等领域，一定要"严加防守"，制订明确的问责制度的同时，避免算法漏洞带来的问题。

人工智能模型的可用性随着训练数据量的增大而增高，人工智能产品要想落地需要的数据是个非常大的量级。当且仅当深度模型特征是泛化特征时，才可以使用迁移学习将一个已训练的模型应用到另一个任务中，而深度学习的"黑匣子"问题导致，即使在训练数据集十分庞大的情况下也不能保证所提取的特征是泛化特征。因此在应用领域，每一个模型的建立都需要从头训练，会增加时间成本、能耗成本等，给企业带来极大地困扰。此外，模型的可移植性差还会影响技术的传播速度，增加传播成本。因此，企业要事先进行充分的市场调研，选择应用场景广的领域研发落地，不利于部分行业的智能化发展。

目前，人工智能技术尚处于弱人工智能水平，现阶段以深度学习为代表的人工智能技术并不善于解决通用性问题，人工智能技术要实现产业落地并形成商业价值，需要清晰其所能解决的特定领域问题，并有明确的应用场景边界，避免好高骛远。例如，机器人脸识别的能力在绝大多数情况下超过了人类识别的能力，但是在需要想象力、思维力等目前人特有的素质时，与人脑还是有很大差距的。将人工智能的功能需求限定在有限的特定问题边界之内，这样得出的解决方案才能相对可行可靠。

13.2.6　应用悖论

在人工智能喧嚣至上的年代，人们充满着兴奋与恐慌。兴奋于技术带来的生产、生活革命，但又恐慌可能意想不到的未知结果。确实在人工智能发展的过程中，除去人工智能的伦理问题，在具体应用上，也存在着诸多的相互矛盾的问题，这里先谓之为应用悖论。

美国 Carnegie Mellon University 的 Moravec 等学者研究发现，对人类而言，要实现逻辑推理等人类高级智慧只需要相对很少的计算能力，而实现感知、运动等低等级智慧却需要巨大的计算资源。就如，要让电脑如成人般地下棋是相对容易的，但是要让电脑有如一岁小孩般的感知和行动能力却是相当困难甚至是不可能的。这就是为什么人工智能有时特聪明，有时特蠢笨，聪明到可以打败地球上所有的围棋大师，蠢笨到连完整抓取一枚鸡蛋都是一件艰巨的任务。

目前，人工智能大多都是基于图灵机模型的 Von Neumann 架构，用软件来模拟运行，与人脑思维机制大不相同。另外，考虑计算机产业的巨大惯性问题，要试图突破图灵机的极限，就要考虑其他硬件来实现人工智能，但能否具体应用落地也是接下来要解决的问题。

从事计算机科学研究的学者认为，计算机是机械的、可重复的智能机，本质上没有创造性，计算机的运行可以归结为已有符号的形式变换，结论已经蕴涵在前提中，本质上不产生新知识，不会增进人类对客观世界的认识。于是就产生了新知识悖论，这个问题的本质就是如何定义新知识。如果根据以上学者的观点，计算机显然无法得到新知识，但是计算机可以通过对数据的归纳和总结，得到规律公式，如果把这样的公式看作新知识，则可以产生新知识，这就引发了人们对人工智能工作的重新审视。

人工智能处理的大多是非确定性(Non-deterministic Polynomial，NP)问题，如果不是 NP 问题，计算机往往就有能力计算出来，就更容易被看作普通优化或数学规划问题，而不会被人们当作人工智能问题，这就引起了启发式悖论。"善弈者谋势、不善弈者谋子"，人工智能就是运用启发式搜索寻找一种难以用语言文字或代码描述清楚的"势"，而不是解决具体问题。启发式算法肯定是有风险的，所以人工智能就产生了精准度问题，具体应用中就有了许多说不清道不明的"经验问题"。

当人工智能给出最佳解决方案后，若是人们趋之若鹜，其方案是否还为最佳解决方案？会不会随人们意志为转移？例如，若是根据交通数据，人工智能规划出一条最佳路线避免拥堵问题，若人们蜂拥而至，则这条路线就不能称之为最佳路线，这就是集中效应悖论。

要想决策型人工智能落地，这也是必然要考虑的问题。

13.3 伦理问题

人工智能自诞生到现在，因其利弊兼有，始终存在着伦理层面的讨论，这是人工智能技术要面对的终极命题。控制论之父 Wiener 曾在《人有人的用处》一书中得出过危言耸听的结论："这些机器的趋势是要在所有层面上取代人类，而非只是用机器能源和力量取代人类的能源和力量。很显然，这种新的取代将对我们的生活产生深远影响。"。Turing 曾说过："即使我们可以使机器屈服于人类，比如，可以在关键时刻关掉电源，然而作为一个物种，我们也应当感到极大的敬畏"。一边是公众舆论对强人工智能和超人工智能失控、威胁人类的担忧和警告，另一边是为人工智能到来而产生的改变欢呼雀跃，认为威胁论杞人忧天。

早在 70 多年前，Isaac Asimov 就构想了机器人的三定律：第一定律，机器人不得伤害人类或坐视人类受到伤害；第二定律，在与第一定律不相冲突的情况下，机器人必须服从人类的命令；第三定律，在不违背第一与第二定律的前提下，机器人有自我保护的义务。后来为了克服第一定律的局限性，他还提出了第零定律：机器人不得危害人类整体或坐视人类整体受到危害。言语之间充分地体现了人的主体性地位。

继 Norbert Wiener 之后，20 世纪 70 年代，美国现象学和存在主义哲学家 Hubert Dreyfus 连续发表了《炼金术士与人工智能》、《计算机不能做什么——人工智能的极限》等文章，从哲学、生物学和心理学等层面得出人工智能必然走向失败的结论。20 世纪末，诺贝尔经济学奖得主 Wassily Leontief 曾预测，在未来的三四十年，就像工业革命中大量马匹被机械所取代一样，人工智能机器将大量替代人工，大量失业、转业等社会问题凸显。Michael Anderson 在其《走向机器伦理：实施两种行动伦理理论》一文中指出，机器智能化的提升，也需要与人一样承担相应的社会责任，赋予伦理观念，能更好地辅助人类进行自身智能决策。

"意识不是一个由下至上的过程，而是由外至内的过程。"正如《西部世界》里所说，人工智能伦理与道德这一新的意识作为人工智能技术创新的推手，避免陷入"科林格里奇困境"，出台人工智能伦理规章制度已经成为世界各国、各组织的重要共识。

2017 年 1 月，在加利福尼亚州 Asilomar 举行的 Beneficial AI 会议上，特斯拉 CEO Elon Musk、DeepMind 创始人 Demis Hassabis 以及近千名人工智能领域专家联合签署了 Asilomar 人工智能二十三条原则，旨在呼吁全世界在发展人工智能时遵守这些原则，保护人类未来的利益。Asilomar 二十三原则是对 Asimov 机器人三定律的扩展，针对科研问题、伦理问题和长期问题进行了讨论。重点提出了人工智能不能单纯为了利益而创造，而应该在确保人类不被代替的前提下实现人工智能繁荣。

2017 年 11 月，为确保人工智能未来发展具有伦理和社会意识，IEEE 制订了三项人工智能伦理标准，包括机器化系统、智能系统和自动系统的伦理推动标准，自动和半自动系统的故障安全设计标准，道德化的人工智能和自动系统的福祉衡量标准。这些新标准将成为题为《伦理一致的设计：将人类福祉与人工智能和自主系统优先考虑的愿景》的 IEEE 文档的一部分，并会不断完善和修订。

2019 年 4 月，欧盟委员会发布正式版的《可信赖 AI 的伦理准则》，针对尊重基本人权、规章制度、核心原则、价值观，以及在技术上安全可靠、避免因技术不足而造成无意的伤害进行了详细介绍，提出了实现可信赖人工智能全生命周期的框架。

13.3.1　主体性伦理

"凡事皆须务本。国以人为本，人以衣食为本。"早在《贞观政要·务农》中就说到了"本"的问题，大同小异，人工智能在发展的过程中也要注意其根本与初衷。人类研究和应用人工智能技术，其宗旨和目的无外乎是为人服务，伦理与技术的发展建立在人的这一主体性基础之上。

马克思曾解释过主体性是人对世界的实践改造，是从人的内在尺度出发来把握物的尺度，是强调人的发展和人的主体性地位对改造世界所具有的意义。人工智能的主体性伦理也要求确立人为伦理道德的主体。人本身具有自在的最高价值，决定着以人为本的人工智能伦理道德标准，即尊重和爱护人类生命。

真正的人工智能伦理是一种确定并凸显人主体性的伦理，并不是孤立的个人意志，它与他人、社会利益相关联，才具有一定的社会意义。马克思说："正确理解的利益是整个道德的基础"，这里的"正确理解的利益"指的是人类整体性的利益，而不是个人私利，是个人利益符合于人类的利益。因此，在人工智能伦理标准的制订中，要明确集体利益是个人利益的基础和实现途径，坚持人类集体利益至上，强调集体利益与个人利益的辩证统一。不应以个别，或者少部分人的智能意愿，对整个人类或社会造成不可预测的危害。

人工智能伦理问题之所以如此受到关注，是因其能够实现计算机代码层面的感知、认知和应答，能够在其功能上模拟人类的行为，而形成一种拟主体性的智能体。最初，以 Alan Turing 为首的先驱们的初衷就是能够实现人类所有认知功能的人工智能。随着无人驾驶、智能机器人、致命性自主攻击武器等应用的发展，涌现出了一大批把人剔出决策圈外的智能化自主认知、决策、执行的智能体，这让人们不得不考虑人工智能伦理抉择的规范性，形成人工伦理智能体。像自动驾驶领域，由于其背后复杂的价值与权衡伦理，其能否被人们所接受取决于能否在技术层面上赋予复杂的、更多的道德伦理。

人工智能系统体现人的主体性，需要构建一种可执行的伦理机制，赋予其复杂、丰富的功能性道德标准，使其能够做出智能伦理抉择。像机器人三定律一般，将人类所倡导和接受的伦理规范转化为决策机制，控制最后的机器行为。将伦理与价值数据化，将伦理环境运用数字、概率和逻辑等描述，运用效益论、道德论、生命伦理等形成可计算、可量化的伦理准则。虽然，数字化的伦理存在着片面与偏颇，但可以将伦理道德争议降到最低。

由于智能机器在伦理实践环节的难题，人工智能要嵌入伦理，需要考虑人的主导作用。尤其是随着智能机器自主程度的增加，越来越需要道德标准的约束，以及赋予人的最终控制权。人类研发人工智能机器的目的，并不是为了使其成为新的物种，平等地参与社会生活，而是想要更好地服务人类。作为介于"他"与"它"之间的一种"准他"，智能机器有着其独立的伦理地位和内在价值。但在未来很长一段时间内，智能机器只能作为一种"它"根深蒂固于人们的脑海。然而，在人们的设想和预测中，智能机器在各方面均能媲美甚至超过人类，其不仅可以获得人的主体地位，甚至还有可能成为人类的"主人"。

希望机器智能性媲美甚至超越人类，却又害怕智能机器在能力提升的同时脱离人类掌控，进而危害、奴役人类。这就要求人们在赋予其适当法律地位的同时，秉承承认与限制、控制的基本立场。在以人为主体，以人类生命和尊严为红线的伦理准则下，人工智能系统绝不可能获得完全自由、不受限制、与人平等的主体伦理地位，最多也只能是受限性主体伦理地位。

13.3.2 隐私伦理

由古而今，人类就深知"非礼勿视，非礼勿听，非礼勿言，非礼勿动"的道理，但随着互联网、大数据以及人工智能的到来，智能系统和智能软件的推广使得个人隐私逐渐暴露在他人面前，被"所视、所听、所言、所动"。各种数据俨然已成为当今世界上的一桩"大生意"，人们对自己的了解远不如银行、购物网站、智能系统运营商，那些隐私数据在详尽地描述着一个人日常生活的方方面面。

隐私，顾名思义就是隐蔽的、私有的，不愿公开的信息。早在《诗·小雅·大田》中就有说道"雨我公田，遂及我私"。自有人拿起树叶遮羞之时，隐私就自然产生了，隐私权也就作为一种基本人格权利赋予人类。从个体来说，当人格逐渐完善，精神和身体不再依赖于父母，开始掌控自己的生活，不受他人控制时，就有了隐私。隐私的存在是安全感需求的一种表现形式，包含着个人过往信息和心路历程，当隐私泄露时，会有着被支配、被威胁、恐惧与愤怒相伴的情绪。

尊重隐私是所有良好关系的前提，尤其是在智能化、大数据时代，个人隐私最明显的就是智能手机隐私。在人工智能时代之前，获取个人隐私还是件不容易的事，而进入人工智能时代后，由于智能软件黏合度和市场的需求，各个智能系统获取个人信息也变得肆无忌惮。如图 13-2(a)，打开智能手机中的权限管理，就会发现大部分软件都要读取手机通讯录、位置、安装软件列表，甚至使用者的一举一动都在对方的监控之中，包括每天去的地方、交流的人、交流的信息、浏览的网页。图 13-2(b)是智能手机中的定位服务，记录着客户每天都去了哪些地方、什么时间去的、某段时间去了多少次。智能系统的隐私数据获取功能远比可见的要丰富，它会在后台悄悄读取通讯录、短信、通话记录，甚至还调用你的摄像头和麦克风监视着你的生活，即使禁止启动，它还是能够在后台自启。

(a) 权限管理　　　　　　　　　(b) 重要地点

图 13-2　手机隐私

尽管国家和政府层面都一再重申，从企业到个人都不得强行绑架、盗用用户信息，但是隐私泄露丑闻依旧频发。美国的一家通讯公司爆出，因为安全系统漏洞而遭受黑客攻击，导致近 3000 万用户信息泄露。其中具有大量的敏感信息，包括姓名、联系方式、搜索记录、登录位置等。有国际大数据知名企业在 8 个月内，日均传输公民个人信息 1.3 亿余条，累计传输数据压缩后约为 4000 GB，公民个人信息达数百亿条，隐私侵权数据量之大令人咋舌。快递行业中，有暗网用户兜售某快递公司 10 亿条快递数据，其中包括了寄、收件人的姓名、电话、地址等信息，数据重复率低于 20%，信息均属实。酒店客户信息也是隐私泄露较多的一个途径，有知名酒店客房预订数据库遭黑客入侵，约 3.27 亿客人的个人姓名、通信地址、电话号码、电子邮箱、护照号码、俱乐部账户信息、出生日期、性别等信息全部泄漏。

人工智能时代，人们很难再隐藏任何的私密信息，但个人依然具备着隐私权。2017 年中国政府颁布的《信息安全技术个人信息安全规范 GB/T35273—2017》中多次提到了"隐私政策"，2019 年实施的《电子商务法》中，第二十五条和第八十七条都用到了"隐私"一词，《民法总则》中，也明确了隐私权是自然人的基本权利之一。但在人工智能时代，隐

202

私权不再完整，个人信息和隐私不再是等号关系，隐私事件和隐私权也不相统一，人们不得不放弃部分隐私权利。

2019 年 11 月，中国公安部开展了重点针对无隐私协议、收集使用个人信息范围描述不清、超范围采集个人信息和非必要采集个人信息等情形的违法打击、整治专项活动，并发布了《公安机关开展 App 违法采集个人信息集中整治》的通报，对 100 款 App 无隐私协议、收集使用个人信息范围描述不清、超限索权等问题进行处理。其中，责令限期整改 27款，处以警告处罚 63 款，处以罚款处罚 10 款，另有 2 款被立为刑事案件开展侦查。

恩格斯曾经说过，隐私一旦与重要的公共利益发生联系时，就不再是一般意义上的私事，不再受隐私权的保护。出于对社会发展考虑，个人信息可以被合法采集、利用，但其目的是为了更好地服务于群体利益，造福于社会成员。但是，这并不意味着事关个人隐私以及相关利益的问题可以放弃，不管是在什么时候都应该坚定地保护人的隐私权。

13.3.3　责任伦理

近年来，随着人工智能的不断发展，引起的人身伤害和财物损失事件频发。当这些事情发生时，谁该来负责、承担这些责任？不积雪花，而无以致雪崩，然雪崩之时，却没有一片雪花觉得自己有责任。人工智能悲剧发生时，就像雪崩一般，不能单纯归责于最后一片雪花。

责任指的是一个人不得不做，或者必须承担的工作及任务，是个人行为分内应做的事，是一种存在约束的自由行为。责任有着道义责任与法律责任之分，应当承担道义责任的人会受到社会道德谴责，涉及法律责任则会由司法机关来追溯。人工智能的责任并不像人类责任一般拥有完全自主性的责任，其背后有着诸多因素。

2019 年 6 月，中国新一代人工智能治理专业委员会发布《新一代人工智能治理原则——发展负责任的人工智能》，重点突出了要发展负责任的人工智能，强调了和谐友好、公平公正、包容共享、尊重隐私、安全可控、共担责任、开放协作、敏捷治理等八条原则，要求做到从基础研究到应用研究，再到产品和服务的全方位负责任。

2018 年 3 月 18 日，美国 Arizona 州 Tempe 市发生了一起自动驾驶汽车撞人事件，一名女子从人行道横穿马路时，发生了碰撞事故。德国某汽车制造厂工人在安装和调试制造机器人时，被机器人击中胸部，并将其碾压在金属板上，导致工人当场死亡。Google 无人驾驶汽车在美国加利福尼亚州山景城测试时，与一辆公交大巴发生碰撞，所幸无人员伤亡。近年，在深圳举办的中国国际高新技术成果交易会上，一台名为"小胖"的机器人在没有指令的情况下，砸坏了展台玻璃，导致一人受伤。这些事件的发生，引起了人们对人工智能侵权责任归属的讨论和关注，包括追溯之前诸如这类人工智能失控事件的责任和处理。

从法律层面上来讲，构成侵权责任需要从四个要素去衡量：侵权行为的发生、损害事实的存在、责任成立和责任范围的因果关系、行为主观过错。当人工智能造成人身伤害时，侵权行为已经发生，损害事实也已经存在，但责任成立和责任范围的因果关系不能完全确定，行为主观过错无法认定。因此，不足以严格确定其侵权违法行为责任方。在判断侵权责任方时，需要首先判断其责任主体，而智能系统主体的不明确性，是人工智能给现有法律体制带来的全新挑战。从主体性上来讲，人类拥有主体性的地位。人工智能是为了实现类人脑，通过各种技术手段而设计的产品，本质上来说，是一种机器。无论是强人工智能还是弱人工智能，都是基于意识的物理基础对人意识的内容或者意识形式的模拟仿真，并没有涉及人类意识的主观感受性问题。无论人工智能外表形式如何像人，始终不能被称作人，因此不能与自然人等同视之。有人建议赋予人工智能机器法律主体，来使人工智能自身承担责任。而在法律上，法人需要具有法人产权这一核心要素，才能够承担相应法律责任，所以人工智能机器无法成为法律主体。

既然人工智能系统本身无法成为侵权责任的承担者，那么就应该从人工智能系统设计、生产、销售、存储、运输、使用几个环节着手，基于事故原因和发生环节确定责任的法律承担主体。下面从中国政府颁布的《中华人民共和国侵权责任法》简析人工智能系统或产品在侵权事件中的责任划分。

《中华人民共和国侵权责任法》第四十一条规定：因产品存在缺陷造成他人损害的，生产者应当承担侵权责任。因此，人工智能系统在设计、研发阶段发生的侵权行为，或存在侵权行为的缺陷，无论是设计者故意运用人工智能侵权，还是过失、未能预见性侵权，都应该对人工智能产品的侵权行为负责。

《中华人民共和国侵权责任法》第四十二条规定：因销售者的过错使产品存在缺陷，造成他人损害的，销售者应当承担侵权责任。因此，在人工智能产品销售者不能指明缺陷产品的生产者，也不能指明确缺陷产品的供货者的情况下，人工智能产品销售者应当承担侵权责任。

《中华人民共和国侵权责任法》第四十四条规定：因运输者、仓储者等第三人的过错使产品存在缺陷，造成他人损害的，产品的生产者、销售者赔偿后，有权向第三人追偿。

《中华人民共和国侵权责任法》第四十七条规定：明知产品存在缺陷仍然生产、销售，造成他人死亡或者健康严重损害的，被侵权人有权请求相应的惩罚性赔偿。

人工智能产品危及他人人身、财产安全的，作为侵权人有权要求侵权责任人承担其人工智能产品停止侵害、排除妨碍、消除危险等侵权责任。但是，如果因为人工智能产品使用者操作不当，或者故意利用人工智能产品对他人造成财物、人身损害的，则应该由使用者承担侵权责任。

如同其他新生事物一样，人工智能的出现也会对社会造成一定冲击，这也推动着人工智能责任法的建立和完善。在资本和商业的推动下，人工智能车轮滚滚而来，挡车之螳臂必会被无情碾压，相信人工智能产品的责任问题终将被完美解决。

13.3.4　公平伦理

在科幻电影里，人工智能机器人往往都是冷酷无情，从来不考虑什么是人情世故，既没有人性的光辉，也没有人性的七宗罪。然而，现实的人工智能仍然存在歧视和偏见。公平伦理日益成为人工智能伦理领域的研究热点。

公平就是不偏不倚，不袒护任何一方。与平等强调的无差别不同，公平强调公道、公正、不偏袒。古语有云"天公平而无私，故美恶莫不覆；地公平而无私，故小大莫不载"。然而，世界上没有绝对的公平，公平是道德作用下的相对产物。就法律层面而言，人工智能的公平实质是维护或遵循正常的社会秩序，做到不歧视就是人工智能范畴的公平。

目前，人工智能技术已经在网络购物、个性推荐、广告推送、贷款评估、雇员评估、司法评估等众多场合得到了应用，并且将促使迎合性、评价性、判断性、决策性工作由传统的经验研判向智能时代下的数据研判转变。

在手机等智能终端，人工智能能够决定你可以看到什么新闻，听到什么歌曲，甚至是看到哪个好友的动态；应聘时，基于人工智能的人力资源系统可以决定你是否被录用，是否可以得到高一级别的薪酬；在金融机构，基于人工智能的风险评测系统可以决定你是否可以得到贷款，是否可以得到救助。这些基于历史数据和个人信息，进行学习、训练的人工智能系统，可以给出非常迎合的推荐、公平的评测和正确的评价吗？

在互联网世界，人工智能技术下的不公平情况已经屡见不鲜。Google 的图像识别搜索引擎曾经将黑人打上"黑猩猩"的标签，搜索"不职业的发型"里面大多是黑人的脏辫造型，搜索"黑人特征"的名字，则很可能弹出与犯罪相关的信息，有着明显的种族不公平歧视。Microsoft 人工智能聊天机器人 Tay 上线后，通过与网民的聊天，变成了一个集反犹太人、性别歧视、种族歧视于一身的"不良少女"。上线不久后，Tay 就被 Microsoft 紧急下线了。

曾经有研究表明，法院量刑轻重在一定程度上取决于法官早上是否吃过早餐。未吃早餐的法官，做出对犯人有利的判决比例几乎为零，而当吃过早饭后，这一比例可以上升到65%。正是由于法官量刑时受到过多外界因素影响，因此有些机构尝试采用人工智能技术对犯罪行为进行量刑和评估。COMPAS 是美国 Northpointe 公司研发的一种智能犯罪评估系统，通过预测罪犯再次犯罪概率来指导量刑程度。但美国新闻机构 ProPublica 很快发现，COMPAS 系统预测的黑人再次犯罪的概率要远远高于白人，存在着一定的种族歧视。

在许多公司招聘时，通常会采用人力资源智能筛选系统，通过输入的录用条件，自动筛选出符合条件的面试人员。但是，在许多智能筛选系统中，往往会将女性应聘者或者已婚未育者从录用名单中剔除。许多情况下，人工智能并不像人类一般灵活筛选，无法对求职者做出客观评价，只会根据硬性条件来筛选，从而造成了性别、出身、学历等歧视。

在医疗领域，由于智能医疗服务资源少、分配不均匀，以及高额费用的问题，在患者就诊治疗时，只有少部分人才能享受到智能医疗服务，智能医疗成为了部分急需，或者有钱人才能享受的资源和服务。

金融领域也不例外，科技金融公司采用人工智能信用评估平台，通过个人网络行为来判定用户信用值。搜索引擎为其提供了大量的分析数据，包括性别、教育、种族和宗教等信息。另外，欧美国家的信用评估平台，甚至还会详细检查信用申请报告中的语法拼写问题，这会导致不能熟练使用英语的移民客户信用降低。

人工智能系统是一个"黑箱"，有输入的数据，它就会得出相应的结论，而关于它如何得出，人们无从而知。诺贝尔经济学奖获得者 Thomas Sargent 说过，人工智能其实就是统计学，只不过用了一个很华丽的辞藻。基于这种技术基础，出现的诸多不公平问题也就不难理解。

从样本选择上来说，基于样本数据学习的人工智能训练是进行智能决策的依据，而统计样本的选择是造成公平问题的一大原因。智能算法的不透明性会造成数据输入后，人们不知道内部是一个如何的"数据加工"过程，数据结果缺乏严谨的推理和解释。如果智能算法本身存在不公平倾向也很难被发现，因此也可能存在不公平问题。另外，采用人工智能系统最初的目的是为了找到最优、最直接、最高效的方法来解决一些问题，并不会考虑其社会影响，人工智能缺乏人的感情能力，其做出的决定很难兼顾人类的公平伦理和规则。

在人类社会中，每当做一个决策，产生一种行为时，都会受到伦理、法律、规则、制度的约束。当这些决策方法被写进程序，代码化、数字化之后，也需要有相应的伦理来约束。可能编程人员并不知晓公平技术的相关伦理，也缺乏相关的公平规则的指导，这就要求建立正确程序和规则来约束相关技术和决策人员。对于关乎个体利益的人工智能决策，需要提前建立技术公平规则，在技术和数据来源方面进行公平伦理保障，实现人工智能系统决策的公平性。

13.3.5 安全伦理

人工智能技术正在以难以想象的速度走进普通人的生活，家居、穿戴、交通、建筑、电力、制造、教育、军事、国防、医疗、物流等各行各业都留下了人工智能的身影。人工智能的飞速发展在一定程度上改变了人们的生活方式，但由于尚且处于发展的初级阶段，安全事故也频频发生，人们在享受着智能带来便利的同时，也难掩心中对人工智能的莫名惶恐。

安全就是"平安"和"保全自己"，是指不受威胁，没有危险、危害和损失。安全伦理是自古以来人们对生存的基本追求，古有"君子安而不忘危，存而不忘亡，治而不忘乱，是以身安而国家可保也"，现有"人民的安全应是至高无上的法律"之说，"安全第一"应该是人工智能研究者、设计者、生产者、销售者、运营者、使用者时刻牢记的一个永恒主题。

如果将人工智能的发展比喻成发射的火箭，那么安全伦理无疑就是发射架，为人工智能这座火箭奠定方向。目前，人工智能技术存在的安全伦理问题，主要来自两个方面。一是由于新兴人工智能技术不成熟所带来的安全问题；二是大量使用开源软件和架构带来的安全问题。

目前，人工智能技术正在消除虚拟空间与网络空间的壁垒，安全内涵已经从单纯的网络空间扩展到了如图 13-3 所示的网络安全、数据安全、算法安全、信息安全、社会安全、国家安全等各个方面。

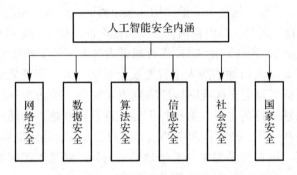

图 13-3 人工智能安全内涵

网络安全是指由于人工智能学习框架和组件存在安全漏洞风险，可能引发的安全问题。目前的人工智能开源框架和组件都集中于互联网巨头，缺乏严格的测试管理和安全认证，一旦被攻击者恶意利用，会造成巨大的财产损失和社会影响。另外，网络黑客技术经过人工智能技术的加持，网络攻击效率更高、破坏程度更大，许多恶意人工智能软件甚至能躲过病毒检测系统。2017 年 3 月，基于机器学习的恶意软件案例出现在《为基于生成式对抗网络(Generative Adversarial Network，GAN)的黑盒测试产生敌对恶意软件样本》中，基于GAN 产生的样本可以躲避防火墙。恶意软件可以借助人工智能技术，快速生成进行扩展攻击的智能僵尸网络，并利用自我学习能力，以前所未有的规模自主攻击目标系统。

数据安全是指算法内部数据模型或外部数据集在处理、存储过程中的数据泄露安全问题。人工智能可以将无数个不相关的信息进行训练，得到其关联性。同时，对数据反复学习、推理后，能够深度挖掘出用户的隐私信息，这就导致了传统数据匿名化、加密、身份认证等个人隐私保护措施的失效，引起隐私和安全伦理问题。

算法安全是由于算法本身不完善而引起的安全性问题，使设计或实施过程中出现与预期不相符的安全性问题。如：由于设计者定义了错误的目标函数，或者选用了不合适的模型而引起安全问题；设计者没有充分考虑限制性条件，导致算法在运行过程中造成不良后果，引起的安全问题等。这是因为，人工智能算法本身不可能非常完美，偏差数据或噪声可能影响模型准确性；另外，对于动态的应用场景，算法的实时性、准确性和鲁棒性也会大幅下降。

信息安全是指人工智能技术下，信息的保密性、真实性等安全问题。智能推荐算法能够对用户习惯、爱好进行分析预测，根据用户偏好推荐浏览信息。不法分子也可能用其将虚假信息、违规言论等不良信息进行伪装传播。"助纣为虐"下的人工智能技术还可以制作以假乱真的音频、图像等高科技诈骗信息，让不法分子的违法活动更易得手。

社会安全是指在人工智能技术大行其道下，对人类产生的社会性安全问题。主要表现在人工智能加入工业生产后，简单体力劳动者、简单脑力劳动者以及部分知识性、技能型行业岗位的减少甚至消失，导致了这部分人的结构性被迫离职，造成大量的失业问题，严重影响社会的稳定性和安全性。另外，高度自治的人工智能产品，可能会更直接危及人身安全、社会安全，如近年因无人机、自动驾驶汽车、医疗机器人等人工智能产品引起的社会安全问题。

国家安全是指国家层面所面临的人工智能安全威胁。人工智能能够通过各种角度影响公众政治意识，不良信息将会直接或间接威胁到国家安全。2016 年美国大选曾采用人工智能技术，通过广告算法、行为分析、数据挖掘等制订竞选战略，帮助候选政客评估选民对特定问题的反应程度和立场，指导竞选中的演讲措辞。人工智能还能够加强军事打击力度，颠覆现有的战略格局，取得超乎想象的战争效果。另外，随着人工智能技术的普及，犯罪分子装备也更加精良，加大了国家安全的维护难度。

人工智能技术快速发展，与各行各业的融合逐步深化，应用场景也日益增多，带来的安全性问题也会层出不穷、千变万化，解决安全问题将会成为人工智能技术研究和应用的前提性、必要性工作。

13.4　未来发展趋势

经过六十多年的发展，人工智能在技术、应用等诸多领域方面取得了重要突破，正处于从"不能用"到"可以用"的技术拐点，但是距离"很好用"还有不少难关。此外，各种"黑天鹅事件"不断出现，人工智能的实现和伦理等问题亟待梳理和解决。那么未来人工智能发展将会出现怎样的趋势与特征呢？未来人工智能将从专用人工智能向通用人工智能发展、从人机协同向自主智能发展、人工智能伦理道德并行发展。

专用智能面向特定的任务，具有边界清晰、知识丰富、建模简单的特点，形成了一个个人工智能的突破单点。人工智能近期的进展主要是专用智能，在部分单项测试中已经可以超越人类智能。譬如，AlphaGo 在围棋比赛中战胜了人类冠军、人脸识别系统的识别准确率超过了人类等。然而人脑是一个通用的智能系统，能够处理感知、判断、推理、学习、思考、规划等各类人体活动，人工智能作为一门对人脑智能进行模拟和延伸的技术，完整意义上来说应该是一个通用的智能系统，这是目前科技水平远远达不到的。研究如何实现从专用人工智能向通用人工智能的跨越式发展，是未来人工智能发展的必然趋势。

人机协同是当前人工智能研发和应用的主要模式。在研发阶段，人工智能产品的诞生离不开大量的人工干预，比如人工设计深度神经网络模型、人工设定产品性能和目标、人工采集和标注训练数据等，非常费时又费力。目前科研人员已经开始关注减少人工干预的人工智能研究方法，如使用无监督学习算法、迁移学习算法等不依赖大量标注数据的算法，提高机器的自学习自适应能力免除使用时用户人工配置。在应用阶段，由于产品的智能化水平低，不能独立完成某些任务，需要人机协同，比如手术机器人无法独立完成手术过程，需要医生从旁指挥。但总体来说，人工智能技术不断进步，人机协同向自主智能发展，如驾驶从纯人工驾驶到智能辅助驾驶，再到无人驾驶的过程。

在人工智能技术不断发展的同时，以人为本、安全可靠、责任明确、有法可依的人工智能伦理也并行发展。以人为本就是要坚持人类在人工智能中的主体性地位，人工智能是以辅助性地位或者拟主体性地位出现的。未来的人工智能需要将人的主导地位考虑其中，对更高等级的人工智能开发要保持足够警惕，对于能够完全自主，甚至摆脱人的控制的人工智能技术要坚决制止。未来人工智能体可能有资格具有一定身份，甚至一定的权利，但这并不能表示这个身份能够等同于人类，或者具有控制人类的权利。安全可控指的是人工智能的发展必须要建立在安全这一基石之上，能够做到对其命脉、能源供给的控制。能够对所有人工智能系统功能原理进行公开，减少"黑箱操作"行为，其行为原因能够做出代码层面的解释和约束。在社会、经济、军事等重大领域层面形成完善的法律、规章、制度、准则，维护人民利益和国家安全，确保人工智能的安全、可靠、可控。责任明确就是当人工智能发生事故时，能够根据其原因定位到相关的责任人，而不会像现在出了问题后责任不明确。明确的责任也依附于健全的法治体系，明确的责任主体更有利于法律的追责。建立全新的人工智能侵权责任机制，能够更好地保障人工智能持续健康发展。有法可依是指建立健全的人工智能法律体系，并做到"有法可依、有法必依、执法必严、违法必究"。人工智能立法要适应不同阶段社会发展需求，将人工智能与人类社会发展目标一致性作为原则，建立人工智能统一、完备、科学的法律体系和制度。确保严格公正的执法和司法体系，对一切人工智能违法犯罪行为都要按照"以事实为依据，以法律为准绳"的原则，予以惩治。

习　题

1. 简述人工智能技术实现中存在哪些问题。

2. 举例说明人工智能技术实现中的能耗问题。

3. 人工智能的算力成本表现在哪些方面？

4. 常用的人工智能算法有哪些？

5. 对比说明 CPU、GPU、TPU 之间的区别。

6. 说明人工智能伦理的重要性。

7. 结合相关文献，举例说明 Isaac Asimov 的机器人三定律？

8. 人工智能伦理的内涵有哪些方面？

9. 解释说明人工智能的主体性伦理。

10. 结合实际人工智能案例，说明人工智能隐私伦理的重要性。

11. 结合人工智能的发展趋势，展望未来人工智能发展中可能出现的问题。

参 考 文 献

[1] TOTH Kalman. 人工智能时代[M]. 北京：人民邮电出版社，2017.

[2] 李杰. 工业人工智能[M]. 上海：上海交通大学出版社，2019.

[3] LUCCI Stephen，KOPEC Danny. 人工智能[M]. 北京：人民邮电出版社，2018.

[4] 陈晓华，吴家富. 人工智能重塑世界[M]. 北京：人民邮电出版社，2019.

[5] 王莉. 大数据与人工智能研究[M]. 北京：中国纺织出版社，2019.

[6] 高奇琦. 人工智能 II：走向赛托邦[M]. 北京：电子工业出版社，2019.

[7] 中国人工智能产业发展联盟. AI 赋能：驱动产业变革的人工智能应用[M]. 北京：人民邮电出版社，2019.

[8] 腾讯研究院. 人工智能[M]. 北京：中国人民大学出版社，2017.

[9] 三部门关于加强绿色数据中心建设的指导意见[EB/OL]. (2019-02-14)[2019-12-24]. https://baijiahao.baidu.com/s?id=1625408846157161825&wfr=spider&for=pc.0

[10] 唐凯麟. 伦理学[M]. 合肥：安徽文艺出版社，2017.

[11] 冯登国. 大数据安全与隐私保护[M]. 北京：清华大学出版社，2018.